恐龙绝密档案

[西]西班牙Sol90出版社 编
岑旖青 译
岑建强 审译
邢立达 审读

序言

第一块恐龙化石在大约两百年前被人发现。从那时起，一代又一代人被这早已灭绝的生物深深吸引。英语中的“恐龙”一词来源于两个希腊词语，本意为“可怕的蜥蜴”。这一名称在1842年由英国科学家理查德·欧文首度提出，之后沿用到现在。

古生物学家通过化石和其他古老的生命遗迹研究地球的历史，每块化石都是一条线索，就像收集到一片小小的拼图。通过这些线索，科学家就能拼出史前时期地球的大致模样。我们的地球大约在46亿年前诞生，最早的生命出现得没有那么快，要到8亿年后才出现。这些最初的生物慢慢演化，由单细胞发展为多细胞生物，生存环境也从河海之中，逐渐拓展到了干燥的陆地上。

而恐龙，它们诞生于中生代时期，也灭绝于中生代时期。它们住在当时地球上唯一一块超大陆——泛大陆上。随着时间的推移，恐龙的数量和种类都大大增加，它们成为了这片土地上最为常见的生物之一。像梁龙这样体形庞大的植食恐龙，和南方巨兽龙这样强大凶猛的肉食恐龙生

活在同一片土地上。但到了中生代末期，也就是约6600万年前，地球上的恐龙在很短的时间内，几乎一下子消失殆尽。对于这次恐龙大灭绝是怎么发生的，科学家们还争论不休。

曾经在很长一段时间内，科学家都认为恐龙和当今的一些爬行动物一样，步伐缓慢，行动笨拙。但越来越多的古生物学证据表明，大多数恐龙移动迅速，身手敏捷，过着群居生活，也能够长途跋涉。部分恐龙化石上的皮毛痕迹，表明它们很可能长有羽毛。这一重大发现提示科学家思考鸟类和恐龙之间的关系。

关于恐龙的话题，一直吸引着所有人的视线。其中既有专业人士，也有你我这样的普罗大众。但可以肯定的是，在科学领域，无论取得怎样的进步，都尚存许多疑问等待解答，无论探得怎样的发现，都还有新的惊喜等待发掘。

目录

第一章　比恐龙更早……

第二章　潜入侏罗纪公园

第三章　白垩纪的生存高手

第四章 恐龙的告别式 一个时代的终结

第一章

比恐龙更早……

地球上的生命诞生自海洋，生命的数量逐渐庞大，种类也逐渐增多。随着生物的演化，陆地上也出现了生命的身影。在这一章里，我们要讲述的是出现在恐龙之前的那些生物。

第一个生命诞生

为了更清楚地说明地球历史上曾经发生过的大事件，科学家先把一整段地球史切分成几个代。再把每个代细分为纪、世和期，这样就可以表示更精确的时期。

前寒武纪

从液态的岩石——火山岩浆凝固成固态的地壳算起，前寒武纪持续了超过40亿年。而氧气出现并形成大气层是在大约21亿年前。

古生代

古生代开始于发生在海洋里的一次生物大爆发，结束于地球历史上最大的一次生物灭绝。这场灾难清除了约90%的海洋生物。也正是由于这次生物灭绝，爬行动物、两栖动物和昆虫在陆地上蓬勃繁衍起来。

46亿年前
铁和硅组成了地球的核心元素

21亿年前
劳伦大陆断裂

太古宙	元古宙

46亿年前—5.42亿年前

寒武纪	奥陶纪	志留纪	泥盆纪	石炭纪	二叠纪

5.42亿年前—2.51亿年前

46亿年前
地球诞生

34亿年前
第一批细菌（单细胞生物）出现

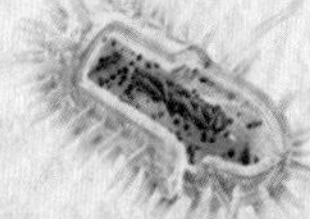

21亿年前
氧气出现在大气层中

7亿年前
最早的多细胞生物出现

前寒武纪 古生代 中生代 新生代

时间轴

在大半本地球生物史里，单细胞生物都是地球上唯一的生命形式。第一批多细胞生物出现在大约7亿年前。

中生代

中生代既是恐龙的年代，也是龟、鳄鱼、蜥蜴与蛇的年代。鸟类和哺乳动物，以及第一株有花的植物也在这个年代诞生。随着许多物种的消失，这个精彩的时代也迎来终结。

新生代

这一时期自恐龙灭绝开始。从那时起，哺乳动物开始统治地球，鸟类的数量成倍增长。在地球漫长历史的最后一刻，人类，终于出现了。

重龙
体形庞大的植食恐龙，生活在约1.4亿年前。

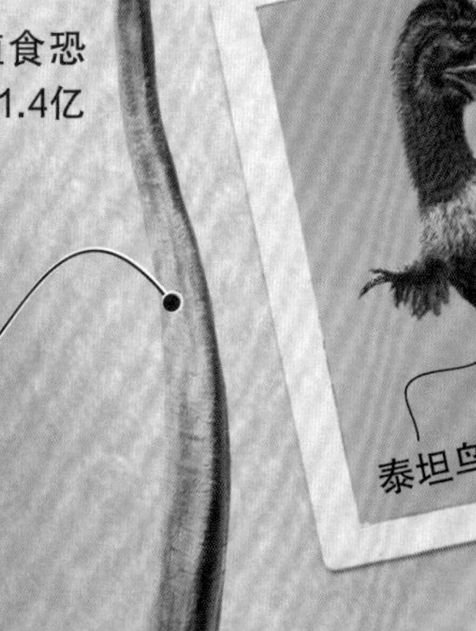

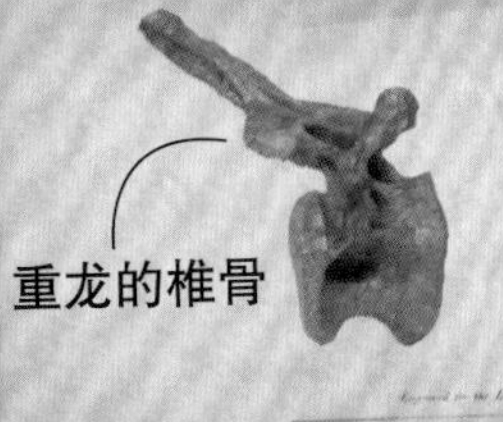

南方古猿
人类的祖先

阿法南方古猿

约1.65亿年前
泛大陆开始解体，非洲、印度和美洲大陆逐渐分离

6000万年前
大陆已经很接近今天看到的模样，山脉渐渐形成

三叠纪 | 侏罗纪 | 白垩纪
2.51亿年前—0.66亿年前

第三纪 | 第四纪
0.66亿年前—现在

二叠纪　物种的战国时代

冠鳄兽

一种和公牛一般大小，体态笨拙的爬行动物。

这个时代地球上生活着大量相貌奇特的爬行动物，哺乳动物的祖先也在其中。陆地上生活着数量庞大的昆虫，海洋里则正被硬骨鱼主宰。但到了二叠纪末期，史上最大的生命浩劫来袭，一场针对所有生命的大灭绝降临了！

4.5 米

古生代

寒武纪	奥陶纪	志留纪	泥盆纪	石炭纪	二叠纪
5.42亿年前	4.8亿年前	4.4亿年前	4.16亿年前	3.6亿年前	3亿年前

地球上的大陆

在二叠纪初期，地球上的大部分陆地彼此相连，形成贯通南北极的泛大陆。地球上的其他部分被泛大洋和特提斯海覆盖。

奇奇怪怪的颅骨

冠鳄兽的颅骨长约60厘米，头顶长有向外分叉的角。

狼鳄兽

二叠纪主要的肉食动物之一，长着长长的犬齿。

异齿龙 被误会的“恐龙”

异齿龙常常被误认为是恐龙，但其实，它们在二叠纪早期就出现了，而且是当时最为残忍的肉食动物，那时离恐龙诞生还有数千万年呢。异齿龙是一种爬行动物，也是哺乳动物的老祖宗。

异齿龙这个名字，原意为“两种尺寸的牙齿”。正如其名，它们嘴里那些锋利的牙齿可以分为两种，较小的牙齿长在嘴的两侧，较大的牙齿则位于嘴的前端——帮助它们撕扯猎物。

这类肉食爬行动物生活在二叠纪早期，它们身上最引人注目的是巨大的背帆，这一结构由扇骨巧妙架构而成，就像一排铁栅栏一样直立，上面覆盖着又厚又硬的皮肤。科学家认为背帆可以调节异齿龙的体温。

在二叠纪长达5000万年的时间里，脊椎动物在陆地上一批接一批地诞生。在二叠纪初期，楔齿龙类，以异齿龙为代表的一类古老的肉食爬行动物脱颖而出。

到了二叠纪晚期，一群外形与哺乳动物近似的爬行动物成为了主宰。其中既有丽齿兽这样的肉食动物，也有二齿兽这样的植食动物。二叠纪的终结意味着大量动物的灭绝，从南非卡鲁岩石上的遗迹来看，从小型肉食动物到大型植食动物，在这场大灭绝中都被波及。

分类：
下孔亚纲，楔齿龙科，异齿龙

体长：3米
体重：约250千克
食性：肉食

发现地

异齿龙化石藏身于美国得克萨斯州的岩石中，这片岩石已经有2.7亿年的高龄了。

在南非和俄罗斯，也发现了许多生活在二叠纪中期和晚期的下孔亚纲动物。

背帆

椎骨延伸出的神经棘像铁栅栏一样，坚硬的皮肤将它们连结到一起。

姿态

异齿龙的四肢像蜥蜴一样，长在身体的两侧。因此，当它们缓慢行走时，腹部会紧贴着地面。在狩猎时，这个姿势能帮助它们跑得更快。

开战仪式

异齿龙的背帆既能用来吸引异性，能用来恐吓对手。

系统树

这是一种用来展示共同祖先的物种之间关系的图表。看看这个图表，注意每一个新物种出现的时间，探求物种演化的轨迹。

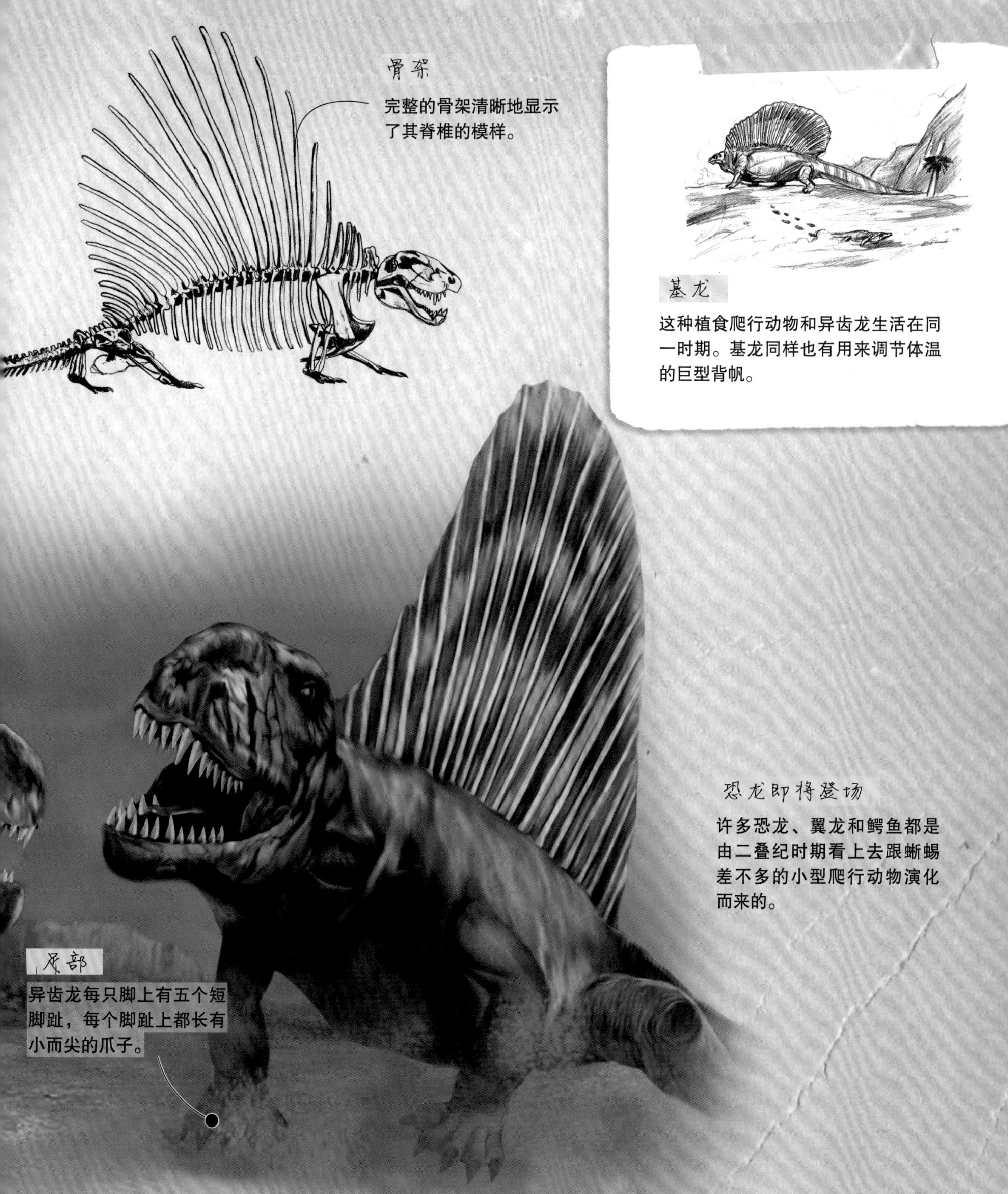
骨架
完整的骨架清晰地显示了其脊椎的模样。
基龙
这种植食爬行动物和异齿龙生活在同一时期。基龙同样也有用来调节体温的巨型背帆。
恐龙即将登场
许多恐龙、翼龙和鳄鱼都是由二叠纪时期看上去跟蜥蜴差不多的小型爬行动物演化而来的。
足部
异齿龙每只脚上有五个短脚趾，每个脚趾上都长有小而尖的爪子。

异齿龙

颅骨

异齿龙的眼睛后面有凹槽，其中有控制嘴巴的肌肉，这些肌肉为异齿龙带来强大的咬合力。

原始的四肢

前肢用来抓住和撕扯猎物。

背帆

背帆用来调节体温，既能吸收外界热量，也能散发身体热量。每到黎明时，异齿龙会竖起背帆朝向太阳，吸收热能；到了午后，异齿龙会躲在阴凉处，防止身体过热。

致命尾巴

异齿龙的尾巴长而结实，由大块的肌肉组成，尾巴是它的武器之一。

什么是恐龙

恐龙是一群诞生于2.3亿年前的爬行动物。通过漫长的演化，恐龙出现了许多不同的种类和模样：有些五大三粗，有些娇小玲珑；有些以植物为食，有些却酷爱吃肉。角冠、骨板甚至羽毛都有可能是它们的防身手段。虽然绝大部分恐龙早在白垩纪末期就已消失，但是极少数恐龙活了下来，它们的后代——那些长着羽毛、能够飞行的鸟类，今天依然陪伴在我们身边。

恐龙和乌龟、蜥蜴以及鳄鱼这样的爬行动物看起来差异巨大，主要原因在于身体姿态上的差别。不同于大多数爬行动物的四肢长在身体两侧，恐龙的四肢长在身体下方。它们的姿态看上去更为挺拔，相比其他爬行动物移动得更快，也更灵活。奔跑或者走路时，恐龙往往能仅靠后肢和脚趾就支撑起身体。

这种高效的移动方式是恐龙远胜其他爬行类物种的关键之一。许多恐龙体形巨大，普尔塔龙和阿根廷龙可能是有史以来最大的陆地生物，从鼻尖开始到尾部有约40米。但也不是所有的恐龙都体形庞大，像是发现于意大利的棒爪龙，发现于中国的小盗龙，还有发现于阿根廷的小力加布龙，它们的个头跟鸡差不多。

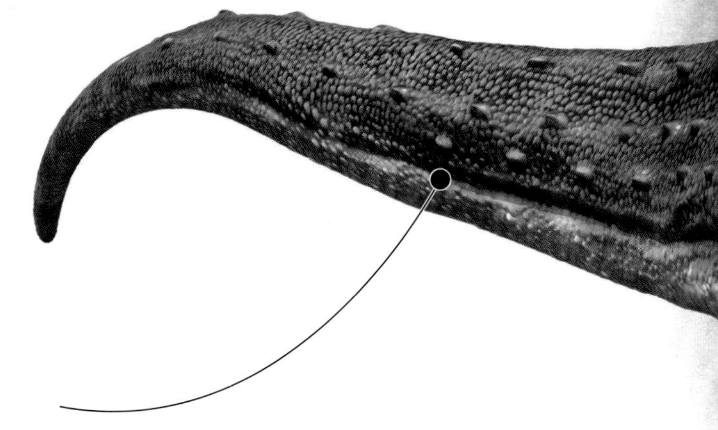

尾巴

一条长而强健的尾巴可以平衡身体的重量。

恐龙有多大

在演化过程中，许多恐龙发展出了庞大的体形，比如阿根廷龙的总长可以达到约40米。但是同样也存在体形较小的恐龙，它们中的很多还不如一只鸡大，可以称得上迷你，像是在中国发现的小盗龙。本页上的这只恐龙是食肉牛龙，这是一种生活在白垩纪的大型兽脚类肉食恐龙，发现于南半球。

颈部

颈部可以弯成“S”形。

后肢

后肢的结构和今天的鸟类很相似。

爬行动物这样演化

和其他爬行类祖先相比，恐龙最主要的变化就是行走方式由爬行变为两足行走。

❶ 爬行

蜥蜴在爬行时往往四肢向外，肘部和膝盖弯曲，腹部贴近地面。

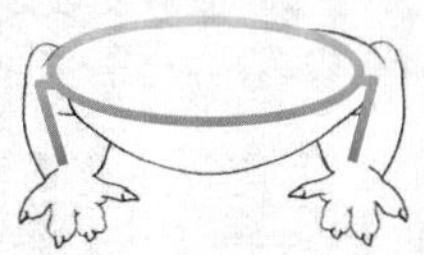

❷ 半直立

鳄鱼移动时，四肢向外、向下同时伸展，肘部和膝盖弯曲呈45°。需要慢行时鳄鱼会匍匐前进，需要跑动时会把后肢直立起来。

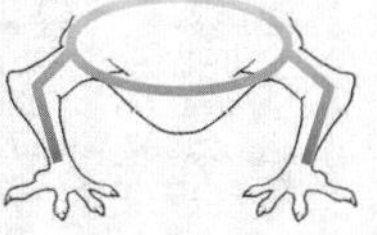

❸ 两足

恐龙的后肢是直立在身体下方的。这样，即使走得非常慢，身体也不会向下坠。

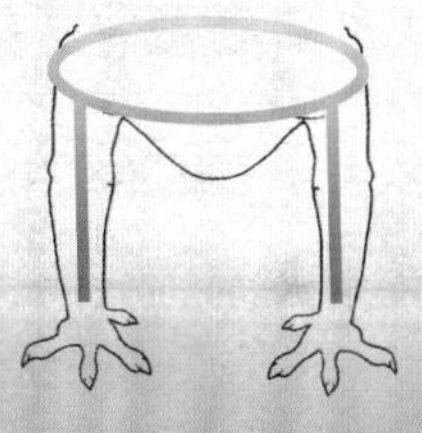

恐龙家谱

这张家谱以蜥臀目和鸟臀目作为演化的起点，展现了从三叠纪恐龙诞生开始，1.6亿年间演化出的不同种类恐龙之间的亲缘关系。

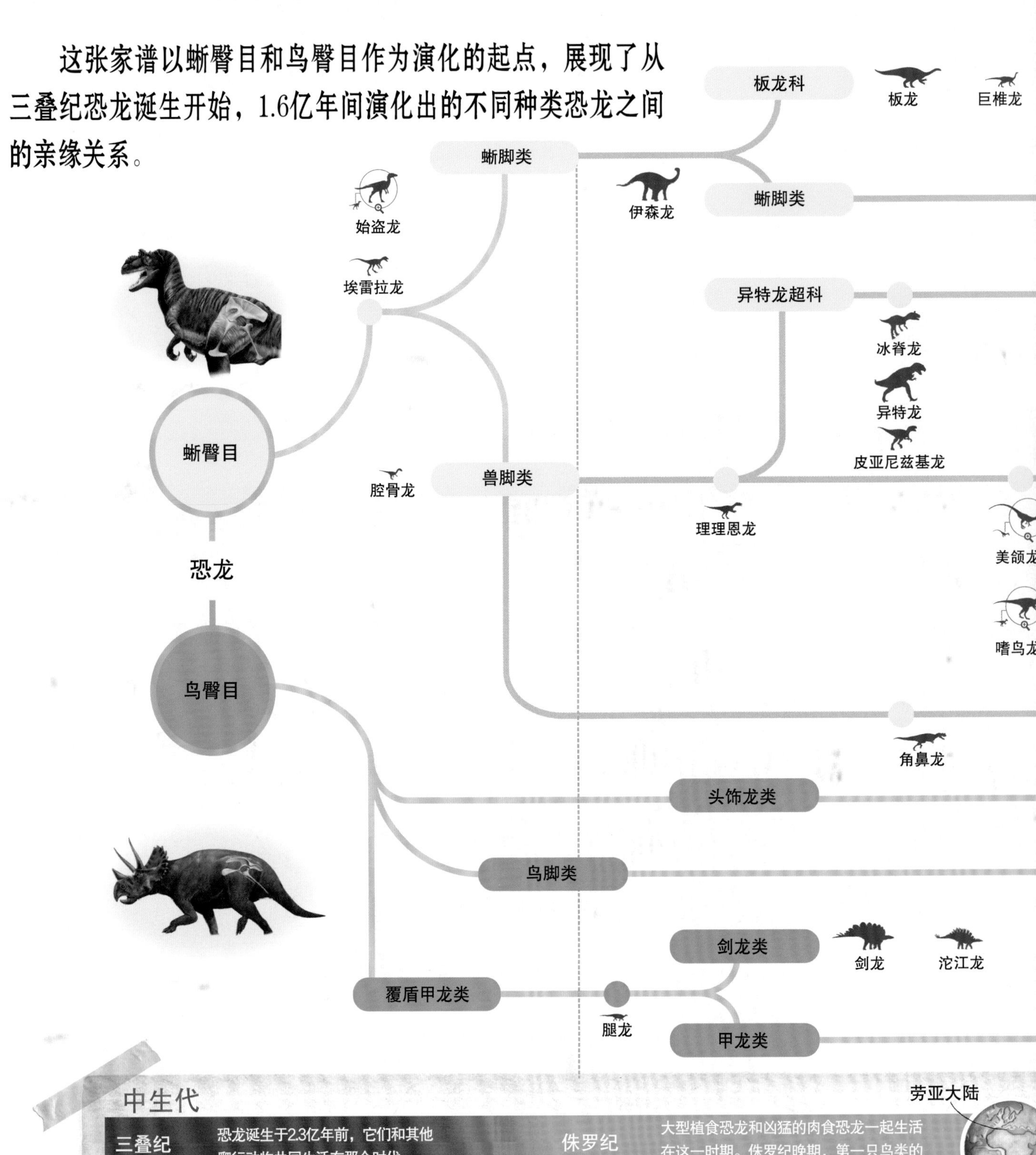

生物的学名是怎么起的？

科学家将生物依照相关性进行分组，用来帮助人们了解生物的种类和在演化中所处的位置。所有生物的名字都是由拉丁文构成的，一般通过改变单词的后缀来体现分类，比如表示超科这一层级时会把oidea（超科）加在词尾，形成Tyrannosauroidea（暴龙超科）这一词；而表示科时则添加idae（科）作为词尾，构成Tyrannosauridae（暴龙科）这样的表达。

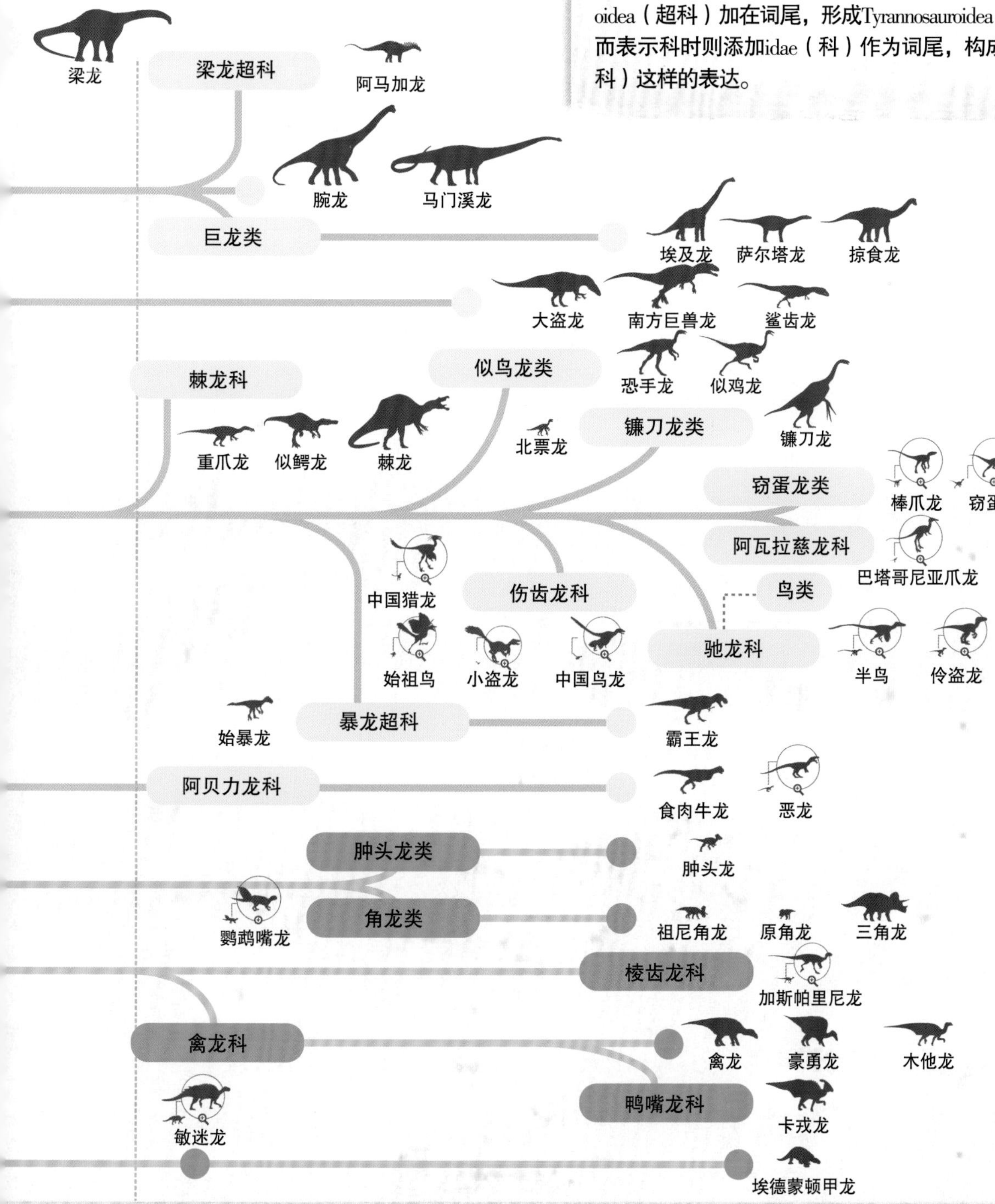

梁龙
梁龙超科
阿马加龙
腕龙
马门溪龙
巨龙类
埃及龙
萨尔塔龙
掠食龙
大盗龙
南方巨兽龙
鲨齿龙
棘龙科
似鸟龙类
恐手龙
似鸡龙
重爪龙
似鳄龙
棘龙
北票龙
镰刀龙类
镰刀龙
窃蛋龙类
棒爪龙
窃蛋龙
阿瓦拉慈龙科
巴塔哥尼亚爪龙
中国猎龙
伤齿龙科
鸟类
始祖鸟
小盗龙
中国鸟龙
驰龙科
半鸟
伶盗龙
始暴龙
暴龙超科
霸王龙
阿贝力龙科
食肉牛龙
恶龙
肿头龙类
肿头龙
鹦鹉嘴龙
角龙类
祖尼角龙
原角龙
三角龙
棱齿龙科
加斯帕里尼龙
禽龙科
禽龙
豪勇龙
木他龙
敏迷龙
鸭嘴龙科
卡戎龙
埃德蒙顿甲龙

白垩纪

占有统治地位的动物纷纷演化，新的物种不断诞生。但这欣欣向荣的景象在白垩纪末期遭遇大灭绝。

冈瓦纳大陆　　5000万年前

欧亚大陆
非洲
南美洲
南极洲

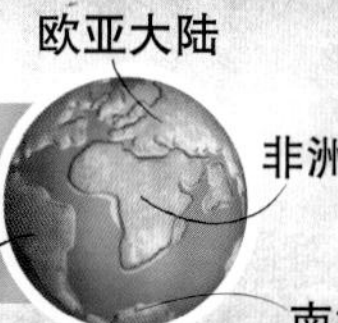

藏在身体里的奥秘

骨骼化石、牙齿化石、脚印化石、蛋化石，还有皮肤化石，它们从不同角度给我们带来了关于恐龙的线索。古生物学家将这些线索收集起来，结合恐龙的生活环境，再参考当今部分生物的特点，绘制出了这些恐龙解剖图。

看过那么多恐龙骨架化石之后，我们发现，恐龙看起来和其他爬行动物很像，主要是因为身体结构和身上的鳞片，还有，它们都是卵生动物。

然而，跟它们的爬行动物亲戚相比，恐龙身上还有许多独特之处，比如由于从爬行演化为可以直立行走，恐龙的四肢和臀部产生了许多变化，在这个过程中，新的肌肉组织也同步演化。

我们对于恐龙的大多数解剖学认识，来源于对它们骨头的研究，这还要感谢骨头能变为化石，留存下来。偶尔，科学家也能找到一些软组织的化石。通过这些化石，我们了解到，一些恐龙的皮肤坚硬，鳞片细小，还有一些新发现证实恐龙长有羽毛。针对当今鸟类和爬行动物的研究对于重建恐龙的身体结构同样有帮助。

霸王龙的大脑比人类的小。

剑龙的大脑更小，跟核桃一样大。

伤齿龙的大脑跟霸王龙的一样大，但是其体形比霸王龙小得多，因此它们那长在小身体上的大脑袋显得奇大无比。因为头身比更大，大家认为伤齿龙比霸王龙更聪明。

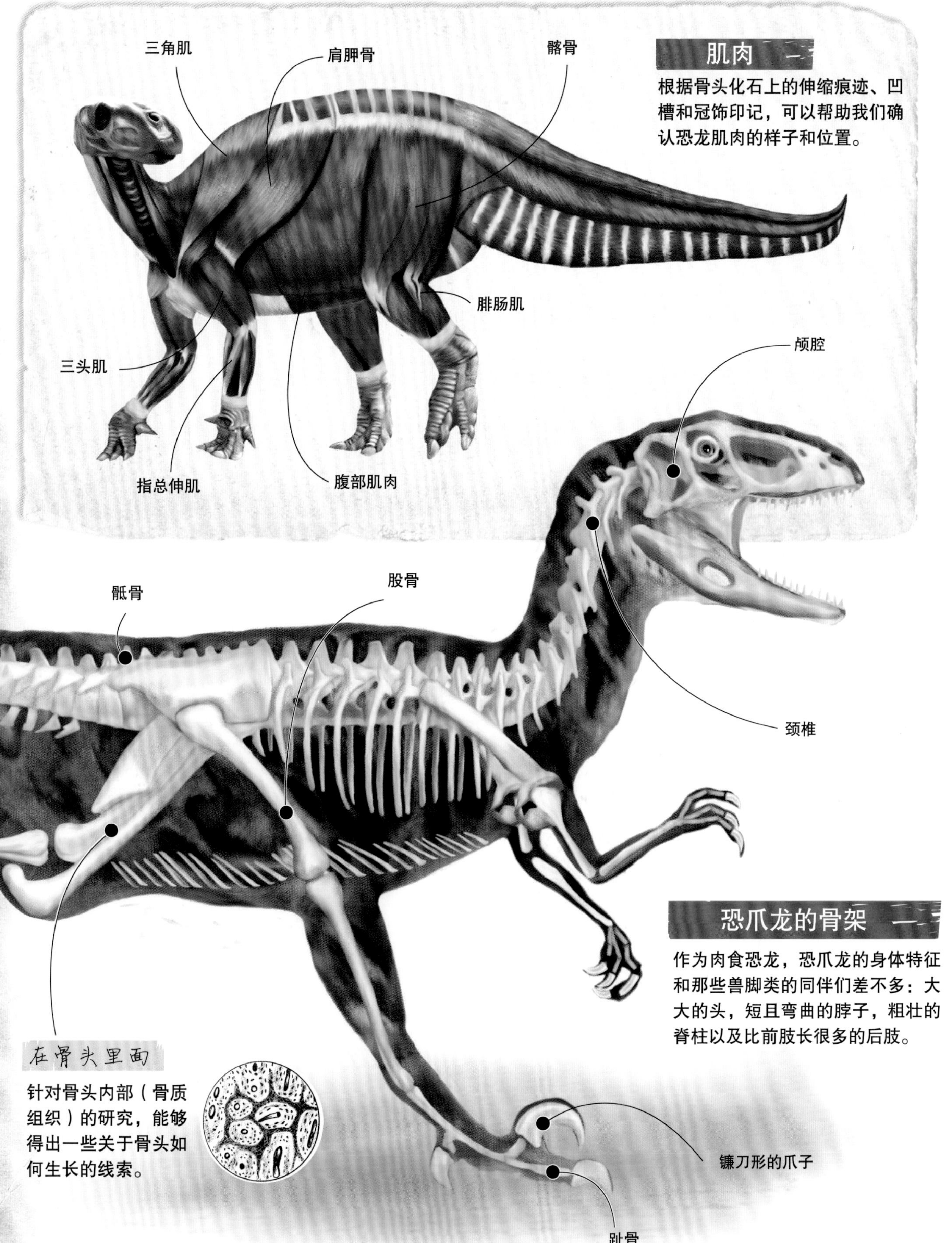

肌肉

根据骨头化石上的伸缩痕迹、凹槽和冠饰印记，可以帮助我们确认恐龙肌肉的样子和位置。

恐爪龙的骨架

作为肉食恐龙，恐爪龙的身体特征和那些兽脚类的同伴们差不多：大大的头，短且弯曲的脖子，粗壮的脊柱以及比前肢长很多的后肢。

在骨头里面

针对骨头内部（骨质组织）的研究，能够得出一些关于骨头如何生长的线索。

恐龙的演化

科学家确认，恐龙是持续演化的。有些种类的恐龙贯穿了中生代的三个时期，从三叠纪开始，整整存续了约6000万年；有些则存在了两个时期；还有一些种类仅仅存续了一个时期。在恐龙的演化过程中，它们拥有了角、爪、冠、角质喙和甲片等能够用于防御的身体特征。

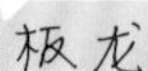

生活于三叠纪，意为体形扁平的爬行动物，长度可达10米。

黄金年代

肉食恐龙和植食恐龙的演化趋势，通过三叠纪早期的恐龙已经显现。由于那时的气候条件优越，许多物种都得到了蓬勃发展。在侏罗纪和三叠纪时期，大型植食恐龙和凶猛的肉食恐龙统治了大陆，直至它们一起走向灭亡。

三叠纪

经历了二叠纪末期的物种灭绝和生物危机之后，三叠纪初期，生命的重生过程十分缓慢。软体动物主宰了海洋环境，爬行动物统治了大陆。埃雷拉龙、腔骨龙、始盗龙、鼠龙、板龙等最早的恐龙在这一时期出现。

侏罗纪

海平面的上升淹没了部分陆地，同时也滋生了更加温暖潮湿的环境，生命得以蓬勃发展。爬行动物很善于适应各式各样的环境，因此恐龙逐渐发展壮大。在这一时期，我们能找到不少肉食恐龙和植食恐龙共存的例子。

白垩纪

这一时期的肉食恐龙往往长着镰刀状弯曲的爪子，用来猛击猎物。重爪龙的爪就是一个很好的例子。在白垩纪时期，昆虫和鸟类也没有停下演化的脚步。造成恐龙濒临灭绝的大事件发生在距今约6600万年前。

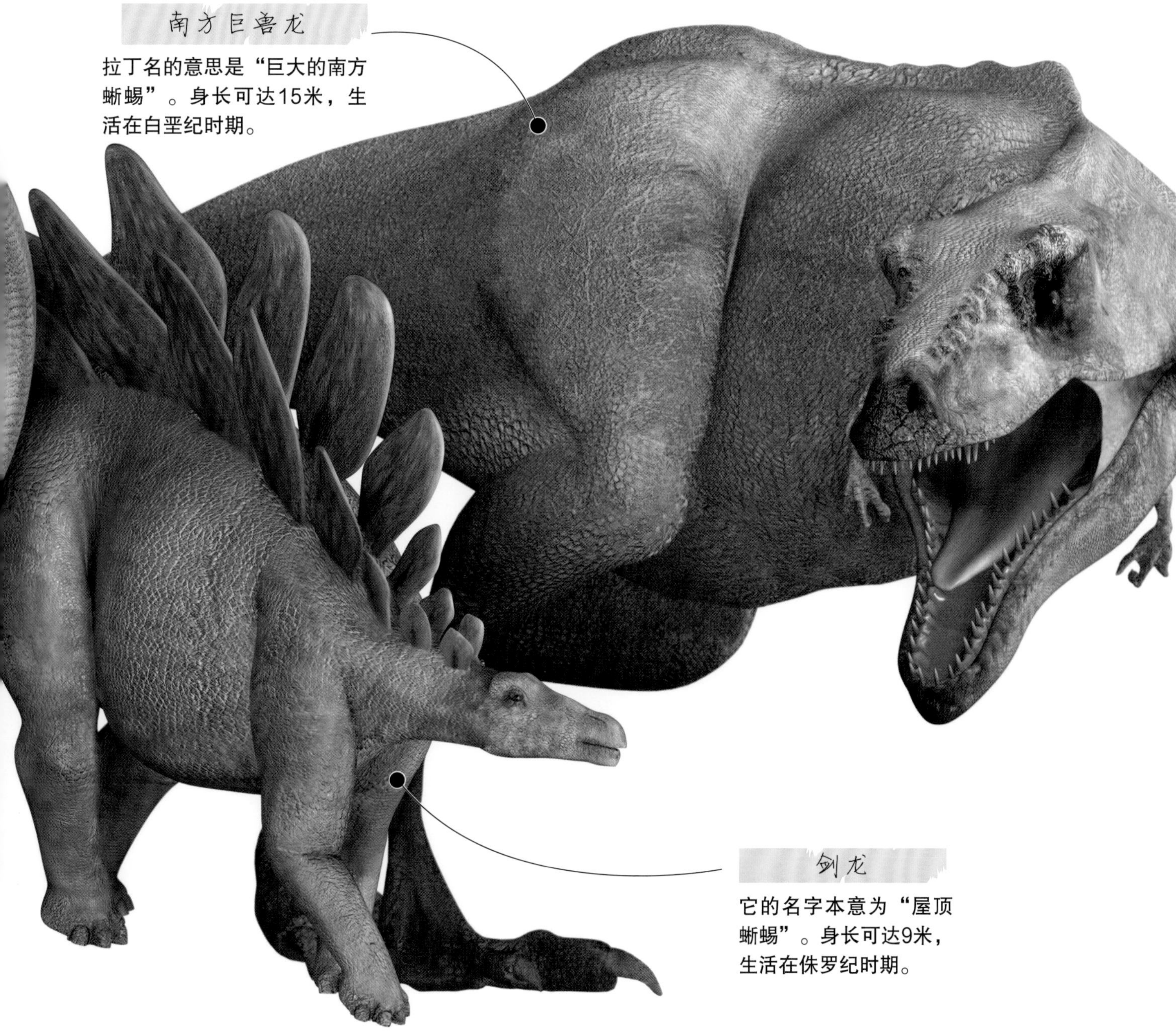

南方巨兽龙

拉丁名的意思是“巨大的南方蜥蜴”。身长可达15米，生活在白垩纪时期。

剑龙

它的名字本意为“屋顶蜥蜴”。身长可达9米，生活在侏罗纪时期。

中生代

长达1.85亿年的中生代可以分为三个时期：三叠纪、侏罗纪和白垩纪。中生代又被称为“爬行动物的时代”，恐龙无疑是这个时代最富盛名的成员。但实际上，恐龙在三叠纪晚期才诞生，取代了那些更古老的爬行动物。

中生代开始于约2.5亿年前，这个时候一场古生代生物的大灭绝刚刚结束，只有海洋生物幸存了下来，其中包括羊膜动物（卵生四足脊椎动物）和软体动物。

因为物种数量急剧减少，在中生代，各类新生命竞相诞生，无论是植物、脊椎动物还是无脊椎动物，都大量繁衍起来。海洋里的大型爬行动物，如鱼龙和蛇颈龙，以各种鱼类为食；海岸边和陆地上，鳄类、蝾螈还有其他爬行动物和两栖动物，不论数量还是种类都迎来井喷。在三叠纪的晚期，恐龙出现了。随着大量其他爬行动物的灭绝，恐龙成为了地球的新霸主。

三叠纪的地形

红色砂岩造就了干燥的生存环境，也促成了早期恐龙的诞生。

植被

巨型针叶树出现。

无脊椎动物

蚱蜢出现了，蜘蛛和蝎子也数量大增。

植物

泛大陆整体是一片温暖的沙漠，针叶树、棕榈树，甚至个头更小的银杏和苏铁都能在这里生存。像蕨类这样的植物，从中生代一直生存至今。

生长于三叠纪晚期的苏铁

这时的地球

在中生代，地球上所有的陆地都连接在一起，组成了超级大陆——泛大陆。但到了侏罗纪中期，泛大陆分为两半，上半部分被称作劳亚大陆，下半部分叫作冈瓦纳大陆，这两块大陆被特提斯海隔开。

动物

在三叠纪最先发展起来的动物，是类似兔鳄这样的恐龙祖先，接着是恐龙自己。

恐龙的祖先

在阿根廷的伊斯奇瓜拉斯托，科学家发现了埃雷拉龙和始盗龙的化石，它们属于最早的恐龙，分别可以追溯到约2.3亿年前和约2.18亿年前。通过在那里发现的各种化石，我们可以了解恐龙的演化过程。

伊斯奇瓜拉斯托出土的化石种类丰富，从鸟的祖先，到鳄鱼和蜥蜴的祖先，应有尽有。科学家在那里采集到了数以千计的标本。大部分被发现的化石位于地层上层，几乎全都是主龙类的恐龙化石。主龙类里就有今天鳄鱼的祖先，蜥鳄的祖先也是其中之一。蜥鳄是肉食动物，移动速度很快，运动方式跟今天的鳄鱼差不多。除此之外，这里还发现了岩鳄的化石。

岩鳄是现代鳄鱼的亲戚，生活在陆地上，两条后腿较长。它们的骨架很轻，便于快速移动。

这里发现的爬行动物各种大小都有

在伊斯奇瓜拉斯托发现的爬行动物体形差异很大：有的像牛一样大，比如伊斯奇瓜拉斯托兽；有的则比较小，像是奇尼瓜齿兽中的小个子，颅骨的长度仅有约2厘米。

大个头的化石有鳄鱼的祖先之一蜥鳄——体长可达6米左右。在恐龙当中，个子最大的就是身长超过3米的埃雷拉龙了。

鳄鱼山谷

在伊斯奇瓜拉斯托发现了十几种古鳄类，它们的生存时间大约在三叠纪的中期和晚期。

肉食者

兽孔目奇尼瓜齿兽科的动物都是肉食者，它们的体形差异极大，其中最大的种，目前只找到了一个颅骨。

埃雷拉龙 古老的猎手

埃雷拉龙是行动敏捷的肉食恐龙，擅长狩猎植食和杂食爬行动物。埃雷拉龙的发现为研究恐龙的起源和演化提供了重要的线索。

埃雷拉龙和始盗龙、滥食龙、南十字龙都是迄今发现的最早期的一批恐龙。它们的化石出土自三叠纪的地层里，据今约2.28亿年。

相比同时代的其他爬行动物，埃雷拉龙十分特殊。科学家将其归为蜥臀目兽脚类，也就是将其认为是一种臀部结构类似蜥蜴的两足恐龙。

埃雷拉龙是最早的肉食恐龙之一，它的牙齿形状各异、大小不一。最大的牙齿锐利无比，有利于埃雷拉龙捕捉并杀死猎物。除此之外，它还有大大的颌部和弯曲尖利的爪子。埃雷拉龙擅长高速移动。以上这种种特征造就其成为了这一时代最凶猛的猎手。

体长：约3米
体重：约210千克
食性：肉食

分类：
蜥臀目，兽脚类，埃雷拉龙科，埃雷拉龙

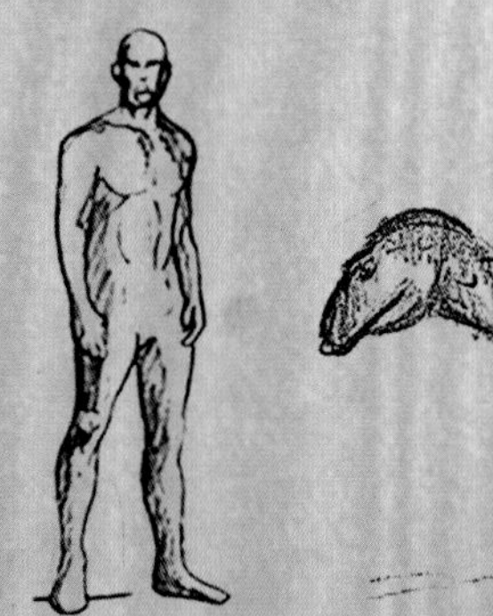

短小的前肢

埃雷拉龙的前肢和后来出现的一些肉食恐龙非常相似，比较短小，但爪子十分尖利，有利于捕获猎物。

发现地

埃雷拉龙发现于阿根廷西南的伊斯奇瓜拉斯托组。除此之外，那里发现的南十字龙和圣胡安龙也属于埃雷拉龙科。

骨架

埃雷拉龙的骨架集合了不同时期恐龙的特征：有些结构和早期的爬行动物相似，比如腰带下方有两根骨头；另一些部位则是更为演化的恐龙才有的，比如它的踝骨部分。

埃雷拉龙

1961年，一队探险家在伊斯奇瓜拉斯托展开研究。团队成员维多利亚诺·埃雷尔与当地一位农场工人和一位收藏家一起，找到了一只恐龙的一块腿骨、部分腰带以及尾巴的大部分骨头。除此之外，他们还发现了许多来自同一物种的骨头碎片。有了以上这些资料，阿根廷古生物学家奥斯瓦尔多·雷格得以成功描述伊斯奇瓜拉斯托埃雷拉龙。他将发现者和发现地组合起来，命名了这条恐龙。

现在科学家认为埃雷拉龙是一个“先祖物种”，因为在其生存的时候，恐龙正在不断演化中。

埃雷拉龙的骨架既有早期爬行动物的特征，又有演化完全的恐龙特点，像是一个中间状态。和先祖不同，它们能够靠两条腿奔跑，所以前臂和手能够空出来，像很多后来的恐龙一样，成为了非凡的猎物抓捕工具。

对比

和埃雷拉龙一样，同时代的始盗龙和皮萨诺龙在恐龙系统树上的位置，至今还存在巨大的争议。

后肢

埃雷拉龙的后肢结构和其他古老的爬行动物类似。

系统树

二叠纪
2.5亿年前
三叠纪
2.08亿年前
侏罗纪
1.46亿年前
白垩纪
6600万年前
主龙类
兽脚类

它们吃什么？

埃雷拉龙通常猎杀兽孔目动物，比如异平齿龙和跑不快的横齿兽，有时它们也会猎杀始盗龙这样体形更小的恐龙，以及两栖动物和三叠纪时期的大型昆虫。

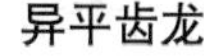

异平齿龙

横齿兽

有力的颌

埃雷拉龙的颌部有个特别灵活的关节，能够帮助它牢牢咬住猎物不松口。

利爪

埃雷拉龙的每个趾上都有锋利无比的爪子。

埃雷拉龙

行动

埃雷拉龙后肢很长，能够大跨步地行走，跑动时，尾巴会高高翘起，以保持身体平衡。

复原

1992年科学家发现了第一具完整的埃雷拉龙骨架。在此之前，一具埃雷拉龙的骨架需要由不同来源的化石标本碎片拼凑而成。

嘴
埃雷拉龙的颌部很大，里面长着许多向内弯曲的利齿，这符合其肉食的特性。
趾
埃雷拉龙的四肢也很有特点，最靠外的脚趾和古老的兽脚类恐龙的特征一样。

阿根廷自然科学博物馆

历史

阿根廷自然科学博物馆于1812年开始设计，1823年修建完成。一开始，这所博物馆坐落在玫瑰圣母圣殿中，直到1937年才正式在现在的位置落成。

建筑

如今的博物馆是一座专门建造的美丽建筑，其中大量的装饰细节灵感来自当地的植物群落和动物群落。

作为有着200多年历史的博物馆，该馆是南美洲设施最完备的博物馆之一。加上它建在阿根廷这样一片化石丰富的土地上，任何恐龙爱好者都不容错过。

阿根廷自然科学博物馆杂志（示意图）

成果发布

在150多年的时间里，该馆通过编辑科学出版物来发表自然科学家、生物学家和古生物学家的有关研究。从1999年起，该馆创建了一份每年出版两期的杂志，用以披露最新的科学研究进展。

埃雷拉龙

埃雷拉龙的骨架是这家博物馆馆藏的三叠纪珍宝之一。此外，博物馆里还有大量其他动物骨架复原模型，包括始盗龙、巴塔哥尼亚龙、阿马加龙、食肉牛龙和皮亚尼兹基龙等。

藏品

该馆拥有23个大型藏品主题展，大部分都是生物化石，有水生动物、鸟类、地质学、南极洲、软体动物等主题。毫无疑问，其中最重要的展览类别就是古生物学。除了展示一系列巴塔哥尼亚地区不同恐龙的复原骨架以外，也会展示很多植物化石，以及斯剑虎这样的第四纪哺乳动物化石。

第二章

潜入侏罗纪公园

到了三叠纪末期，恐龙取代了此前处于统治地位的爬行动物。在侏罗纪时期，恐龙演化出了丰富多彩的模样和大小，主宰了地球。

侏罗纪

在侏罗纪时期，地球上活跃着迄今为止种类最多的生物。尽管陆上、海里、空中，哪里都有大量的爬行动物，但在陆地上，体形庞大的植食恐龙和稍小的肉食恐龙是当之无愧的王者。

侏罗纪时期的一些恐龙长出了庞大的体形，梁龙和腕龙这样的植食恐龙体形大得惊人。而其他植食恐龙，比如剑龙，则演化出骇人的防御系统，用来震慑那些又大又凶猛的肉食恐龙。

与此同时，体形较小、速度很快的恐龙往往选择群体狩猎。我们所知道的最早的鸟类——始祖鸟，就出现在侏罗纪的末期。自三叠纪开始，它就和其他会飞的爬行动物共享天空。

而在此时的海洋里，鱼龙和蛇颈龙、大型海生鳄类、鲨鱼、鳐鱼以及头足类动物（章鱼等有触须的软体动物）生活在一起。今天，这些动物中除了已经灭绝的鱼龙和蛇颈龙，其余种类都和它们那时的祖先看起来没什么不同！

鸟臀类

佛罗纪时期生活着大量鸟臀类恐龙。

植被

曾经空落落的地区很快被树木覆盖。

植物

侏罗纪雨量充沛，有利于植物的快速生长。以蕨类和马尾草为代表的植物，和其他不同种类的针叶树一起，组成了大片的森林。

侏罗

“侏罗纪”这一名称来源于法国和瑞士交界处，阿尔卑斯山脉的侏罗山。在那里，科学家开展了第一次有关侏罗纪的研究。

这时的地球

北美洲大陆逐渐向北移动，离开南美洲大陆。北美洲、欧洲和亚洲的一部分共同组成劳亚大陆，虽然此时的欧洲大陆还泡在浅水中。南极洲和南美洲、印度以及澳大利亚组成了冈瓦纳大陆。

动物

侏罗纪时期，腕龙这样的植食恐龙和异特龙这样的肉食恐龙统治着陆地。

煤炭资源

许多煤炭的来源可以追溯到侏罗纪时期。

猎手的黄金时代

异特龙最长可达12米，是莫里逊组中发现的最大的捕猎者之一。

*莫里逊组位于美国西部与加拿大，是世界上最重要的恐龙化石出产地层之一。

异特龙这样体形较大的肉食恐龙的出现，是伴随大型植食蜥脚类动物的演化而来的。它们依靠两条腿行走，前肢较短，指爪强健有力。肉食恐龙在演化中个头变大极有可能是为了吃到更多的肉。而嗜鸟龙这样移动速度较快的小个子肉食恐龙，要么吃比它们个头更小的动物，要么吃别人吃剩下的猎物。

追踪术

图上所呈现的捕猎场景是根据恐龙留下的脚印绘制出来的。从许多记录在册的脚印都能看出，当时的场景是肉食恐龙正在捕猎蜥脚类恐龙。

异特龙

两足行走，前肢较短，指爪有力。在莫里逊组，科学家找到了近60具完整的异特龙骨架化石。

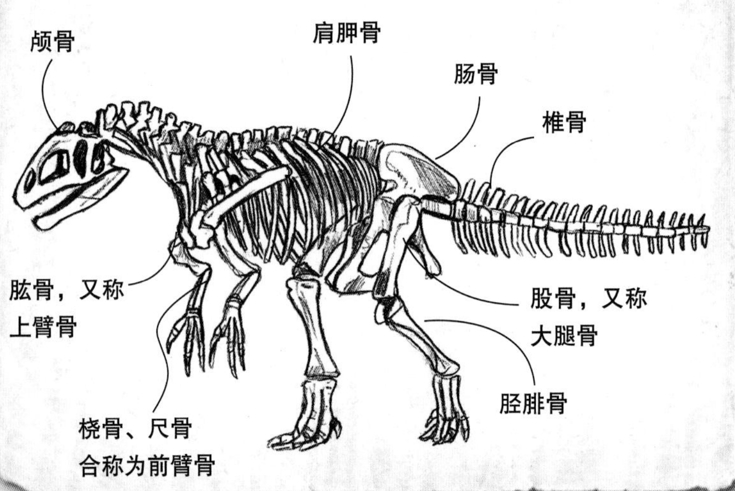

猎物

弯龙，一种植食恐龙，禽龙的近亲，是异特龙追捕的目标。

各种肉食恐龙

在莫里逊组人们发现了大量不同的兽脚类恐龙化石，这里的化石不仅仅指恐龙骨架，还包括恐龙脚印化石和粪化石。捕猎者留在猎物骨头上的牙印也能为古生物学家提供更多信息。在这些恐龙中，异特龙、角鼻龙和蛮龙最广为人知。

干旱

在侏罗纪时期，有些时候环境会变得过于干旱。在这样极端的条件下，植被会首先死去，接着植食恐龙死亡，再往后就轮到了肉食恐龙。

对比

科学家在莫里逊组发现了许多兽脚类恐龙的化石，这些发现对复原恐龙骨架很有利。这里不仅找到了大型的角鼻龙和异特龙，还找到了小型的史托龙、嗜鸟龙、虚骨龙和长臂猎龙。

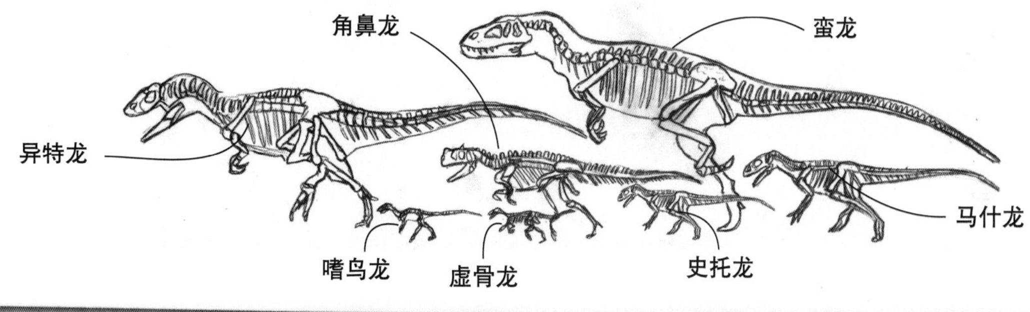

剑龙 身披铠甲的勇士

这一身披“战甲”的恐龙主要生活在约1.45亿年前的北美洲，但各个大陆上都有它的亲戚。剑龙以地面上较矮的植物为食，然后用巨大的胃来消化它们。

侏罗纪初期，两足行走、身长不足1米的装甲类恐龙开始出现。这类恐龙身上长满了用以防御的特殊结构，比如装甲。

在它们之中，最有名的要数小盾龙——身上长满了锥形的小盾牌。这些小型恐龙成为了剑龙和甲龙们的先祖。最古老的剑龙类是体长约3米的华阳龙，后来的剑龙类体形变大，最长可达9米，盔甲也更厚更复杂。

剑龙的盔甲由三角形的骨板和锐刺组成，从脖子开始，沿着后背一直生长到尾部。剑龙依靠四足行走，趾的末端有蹄样的爪子。在1.3亿年前的白垩纪早期，剑龙开始走向灭绝。这一灭绝很有可能是由于新出现的植食恐龙与它们抢夺食物，产生食物竞争导致的。

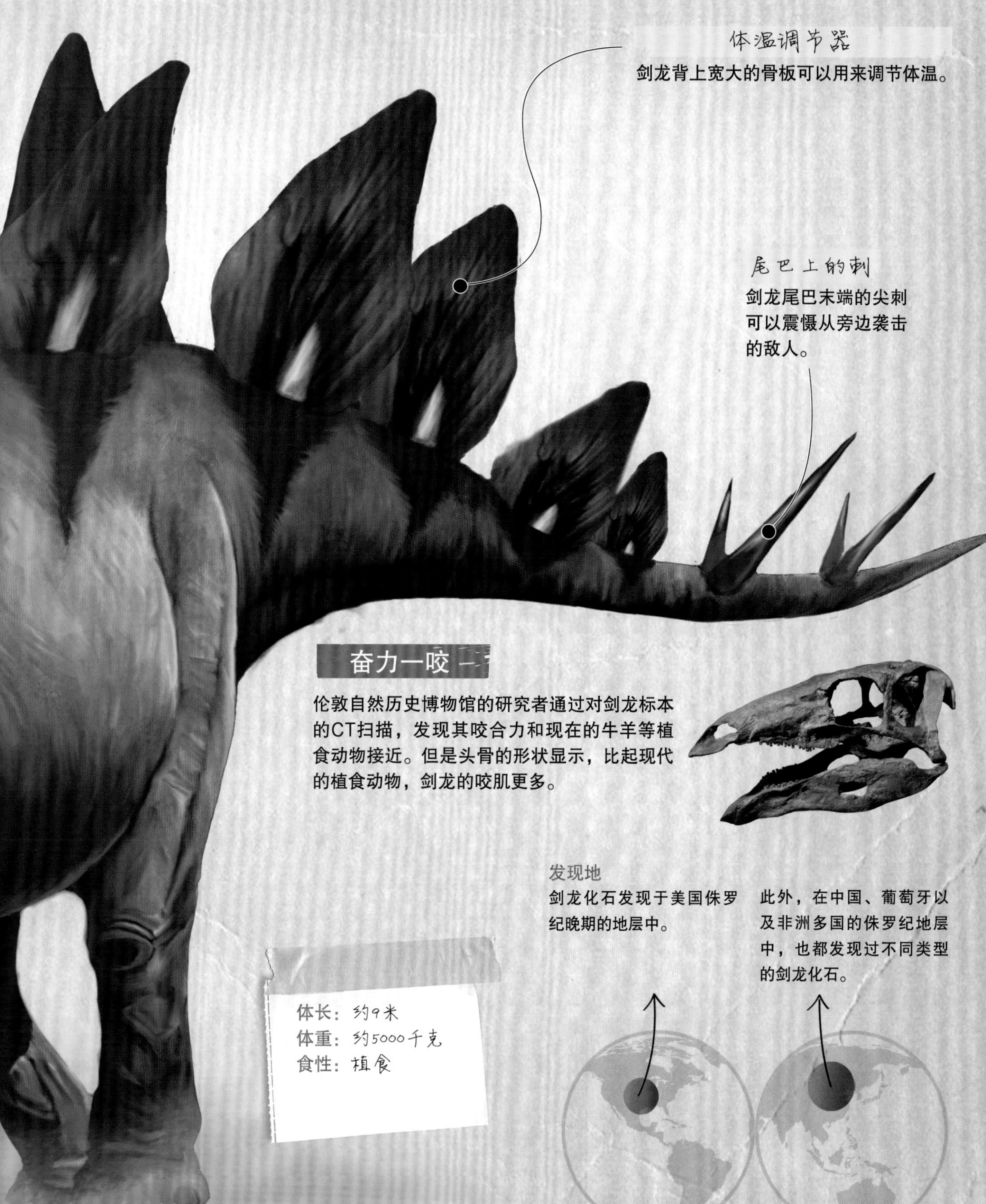

奋力一咬

伦敦自然历史博物馆的研究者通过对剑龙标本的CT扫描，发现其咬合力和现在的牛羊等植食动物接近。但是头骨的形状显示，比起现代的植食动物，剑龙的咬肌更多。

发现地

剑龙化石发现于美国侏罗纪晚期的地层中。

此外，在中国、葡萄牙以及非洲多国的侏罗纪地层中，也都发现过不同类型的剑龙化石。

剑龙

剑龙前肢五趾，后肢三趾。四肢的构造使剑龙能够保持较低的身姿，吃到低矮的植物。

剑龙背上的骨板有多种用途。不仅可以当作盾牌进行自我保护，还可以作为装饰或者辨别同类的标识。最大的骨板表面有不少血管，这些血管对控制剑龙的体温起到重要作用。

在剑龙尾巴的末端有两对可以当作防身武器的尖刺。尽管剑龙的脑室非常小，但在臀部还有一个扩大的脊髓空间，曾有科学家推测，这可能是剑龙的“第二大脑”，但这是不可能的。

蜥脚类恐龙的生活环境

剑龙和梁龙、圆顶龙、迷惑龙等蜥脚类恐龙一起生活在侏罗纪末期，它经常处于被角鼻龙和异特龙等肉食恐龙攻击的险境之中。

系统树

二叠纪
2.5亿年前
三叠纪
2.08亿年前
侏罗纪
1.46亿年前
白垩纪
6600万年前
甲龙类
鸟臀目
剑龙类
鸟脚类

世界上的剑龙

剑龙科的其他成员遍布世界。比如，中国的华阳龙和乌尔禾龙，葡萄牙的米拉加亚龙和坦桑尼亚的钉状龙。

猎物和猎食者

一些剑龙依靠挥舞长有尖刺的尾巴来抵御猎食者。

致命的尾巴

钉状龙可以左右甩动长有尖刺的尾巴。

发现者

奥思尼尔·马什在1877年描述并命名了剑龙。马什认为剑龙长得很像乌龟，而且身上的骨板很像屋顶上的瓦片，因此给它起了“*Stegosaurus*”这一名字，拉丁文意为“自带屋顶的爬行动物”。

剑龙

背上的骨板
剑龙背上的骨板又宽又薄，高度和宽度大约都为60厘米。
骨架
剑龙背部弯曲，前肢较短。头部较小，贴近地面。尾巴强劲有力，可以轻松抬离地面。

臀部
剑龙有着和鸟臀目恐龙类似的特征，耻骨略向下并向后伸展。
尾巴上的尖刺
剑龙会熟练地运用尾巴这一武器，扫向敌人。

长脖子的大家伙

蜥脚类恐龙是陆地上出现过的体形最大的动物类群。它们曾经遍布全球，也曾是冈瓦纳大陆上最常见的植食恐龙，有的体长甚至可达35米。

蜥脚类出现于2亿年前的三叠纪晚期，而后它们演化为中生代植食动物中的统治者，并在侏罗纪时期达到了鼎盛。

蜥脚类这一词，在拉丁语中本意为“有脚的蜥蜴”，这个名字来源于其后肢上五个短短的脚趾。这些脚趾和兽脚类、鸟脚类动物的脚趾有所不同，后者主要是为了奔跑，而蜥脚类恐龙是用四足行走。有些种类可以利用后肢直立起来，以便够到树顶的树叶或者进行防卫。

脖子

在所有恐龙中，蜥脚类的脖子是最长的，有些种类的颈椎骨甚至多达17块。长长的脖子让它们看得更远，能更早察觉危险。同时，长脖子还能帮助它们够到树顶端的叶子和果子。蜥脚类恐龙脊椎中的气囊结构能够为长脖子做支撑。

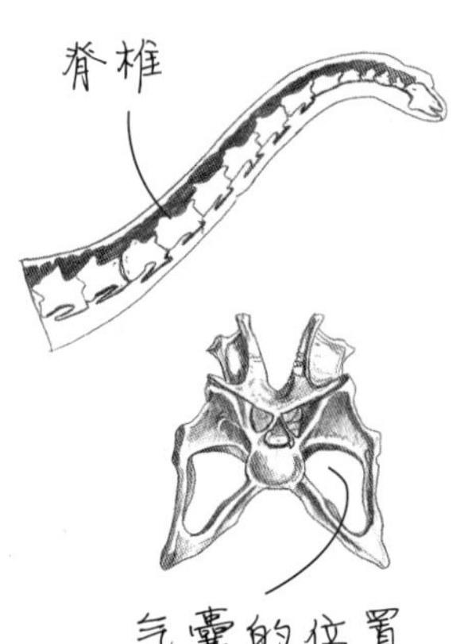

纤维组织

蜥脚类恐龙的脖子中密布着韧带，这种纤维组织所产生的弹性和力量能够帮助恐龙自由移动脖子。

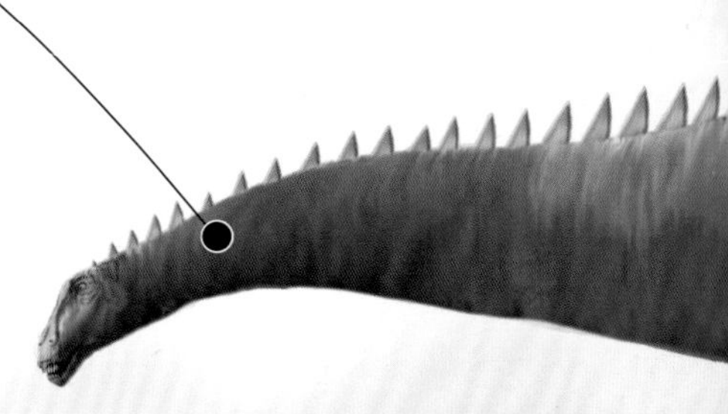

姿态的变化

有些蜥脚类恐龙仅用后肢也能保持平衡，这是因为它们善于运用自己的尾巴——像第三条腿一样支撑着它们的身体。

头骨与牙齿

蜥脚类恐龙的颅骨大小各异。梁龙颅骨较长，口鼻部的上方是鼻孔，下方是牙齿。而圆顶龙的颅骨较小，鼻孔较大，嘴里长有勺形牙齿。

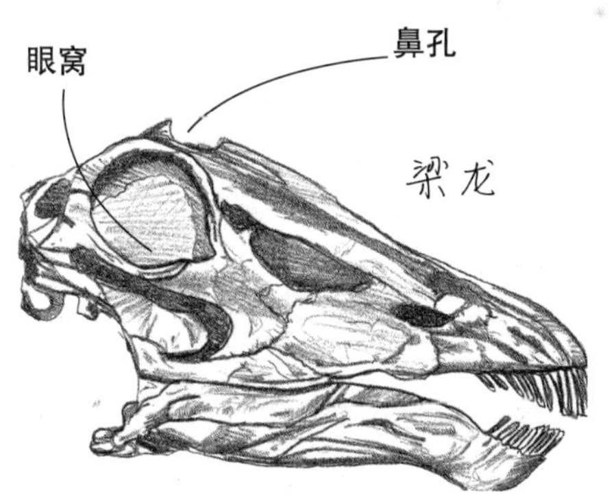

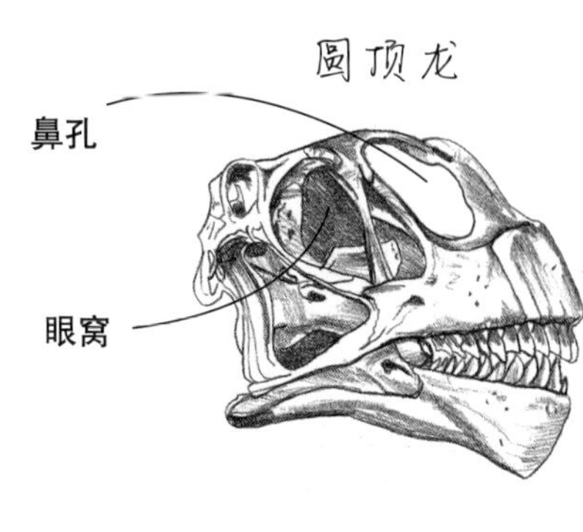

强有力的背部

得益于背部强大的肌肉组织，梁龙可以在遇到危险时用后肢站立起来。但这种说法尚未得到证实。

像鞭子一样的尾巴

蜥脚类恐龙依靠鞭子似的尾巴的快速甩动来自我防卫。

梁龙超科与大鼻龙类

侏罗纪晚期是蜥脚类恐龙的黄金时代。这一时期出现了两类非常重要的恐龙：梁龙超科与大鼻龙类。

梁龙超科恐龙的口鼻部较宽，牙齿长在末端，像一个耙子。梁龙超科中最广为人知的恐龙就是梁龙，其他还有短脖子的短颈潘龙以及背上有大尖刺的阿马加龙等。

大鼻龙类包括体形最大的恐龙——巨龙类。大量且多样的巨龙类恐龙在白垩纪时期生活在南美洲。这一类恐龙相较其他恐龙，鼻孔更大，骨架也更为壮实。

像普尔塔龙、阿根廷龙和富塔隆柯龙这样的巨龙，体长可达30~35米。不过，不像梁龙可以把长尾巴当作鞭子甩，巨龙的尾巴相对较短，也许可以帮助后腿支撑起自己的身体，让自己站立起来。

巨龙是唯一幸存到中生代末期的蜥脚类动物。

格格不入

短颈潘龙是蜥脚类中的例外，因为其体形较小，脖子也特别短。它们生活在侏罗纪时期的巴塔哥尼亚地区。

防身术

以内乌肯龙为例的一些巨龙背上有一些小甲片，这些小甲片组成了一身“铠甲”，抵御像阿贝力龙和南方盗龙这样的捕食者。

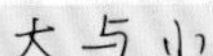

短颈潘龙是最小的梁龙超科恐龙，而梁龙是最大的梁龙超科恐龙。

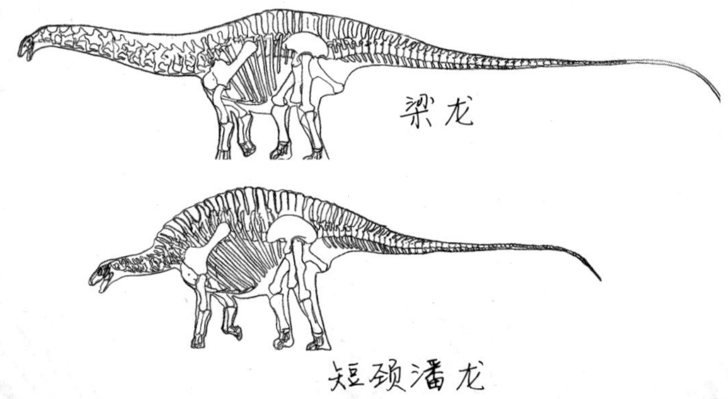

身体结构

短颈潘龙背部弯曲，头部贴近地面。

有限的食物

由于够不到高处，短颈潘龙只能吃低矮的植物。

巨兽之王

在9000万年前的白垩纪时期，普尔塔龙居住在巴塔哥尼亚。这种大型恐龙长着粗脖子，可以灵活地四处转动。

脖子

普尔塔龙能够轻易够到树的最高处。

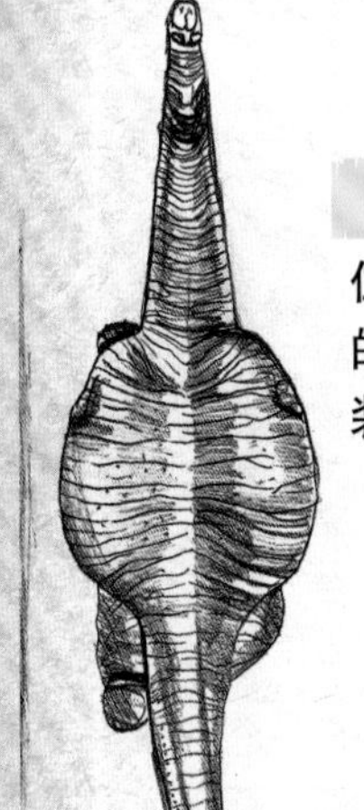

胸腔

位于头和胃之间的胸腔大到足以装下一头大象。

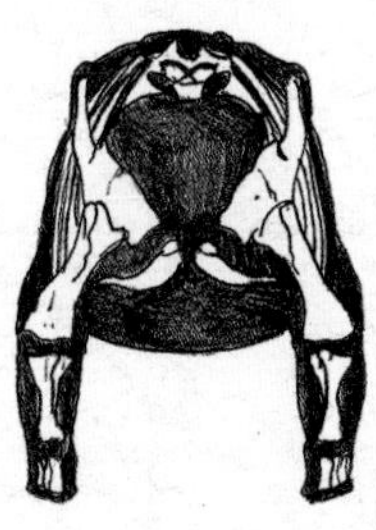

腿

四肢分得很开，可以有力支撑自己沉重的身体。

腕龙 像长颈鹿一样优雅

比许多同类恐龙更圆更大的身体，让腕龙在蜥脚类恐龙中脱颖而出。由于前肢比后肢更长，使得其背部高高耸起。这一特征让腕龙看起来很特别。

1902年，高胸腕龙的化石由埃尔默·里格斯在侏罗纪的莫里逊组发现。取名“腕龙”是因为其前肢比后肢更长，“高胸”一词则来源于它那离地较远的胸腔位置。

通过复原骨架，我们可以看到高胸腕龙的前肢比其他梁龙科成员分得更开，且其胸部更宽阔。强健的肌肉支撑和平衡着它强壮的长脖子，勺子一样的厚牙齿表明它能吃到长在高处的较硬植物，而它的头可以抬到离地约10米高。

腕龙过的是群居生活，也会长途跋涉去寻找食物，就像今天的大象一样。

分类：
蜥臀目，蜥脚类，大鼻龙类，腕龙

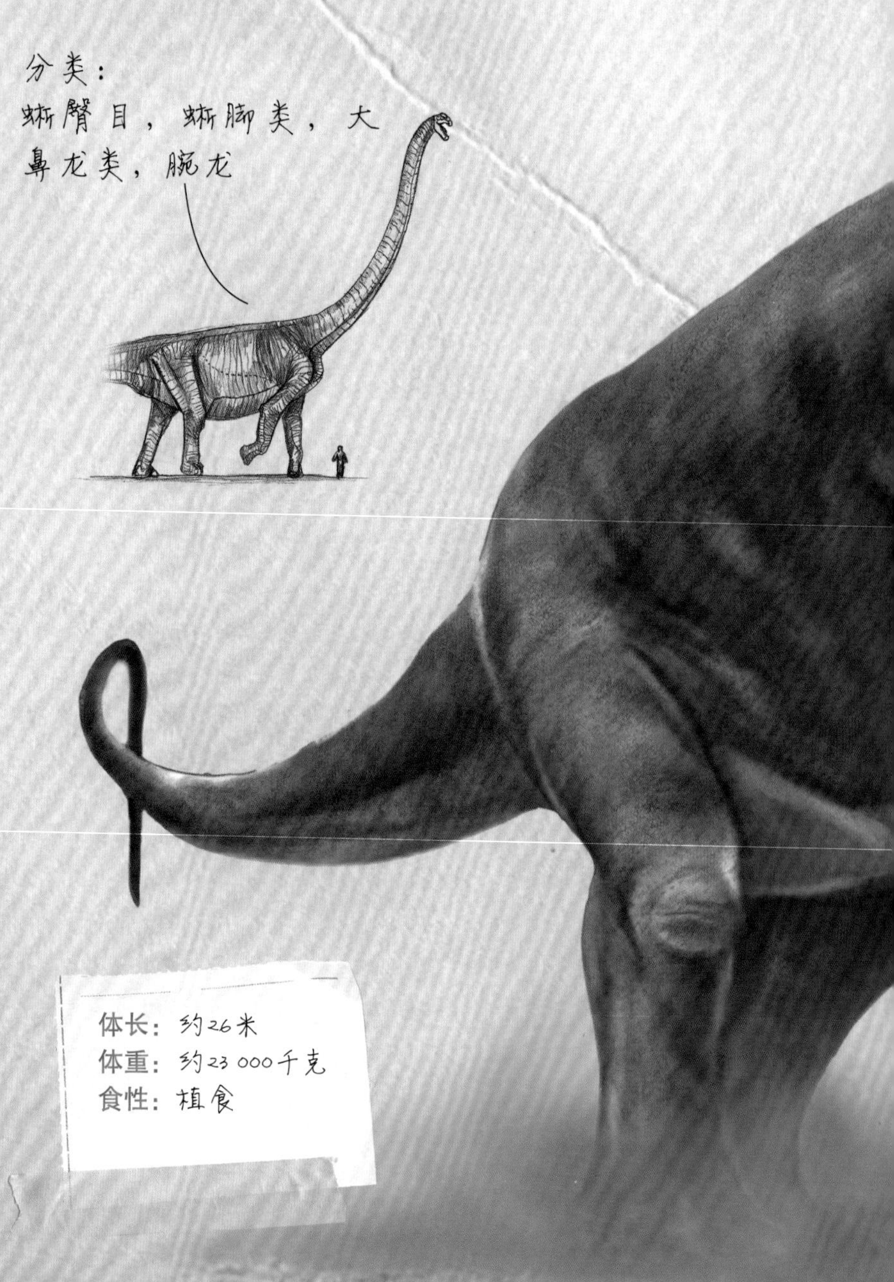

体长：约26米
体重：约23 000千克
食性：植食

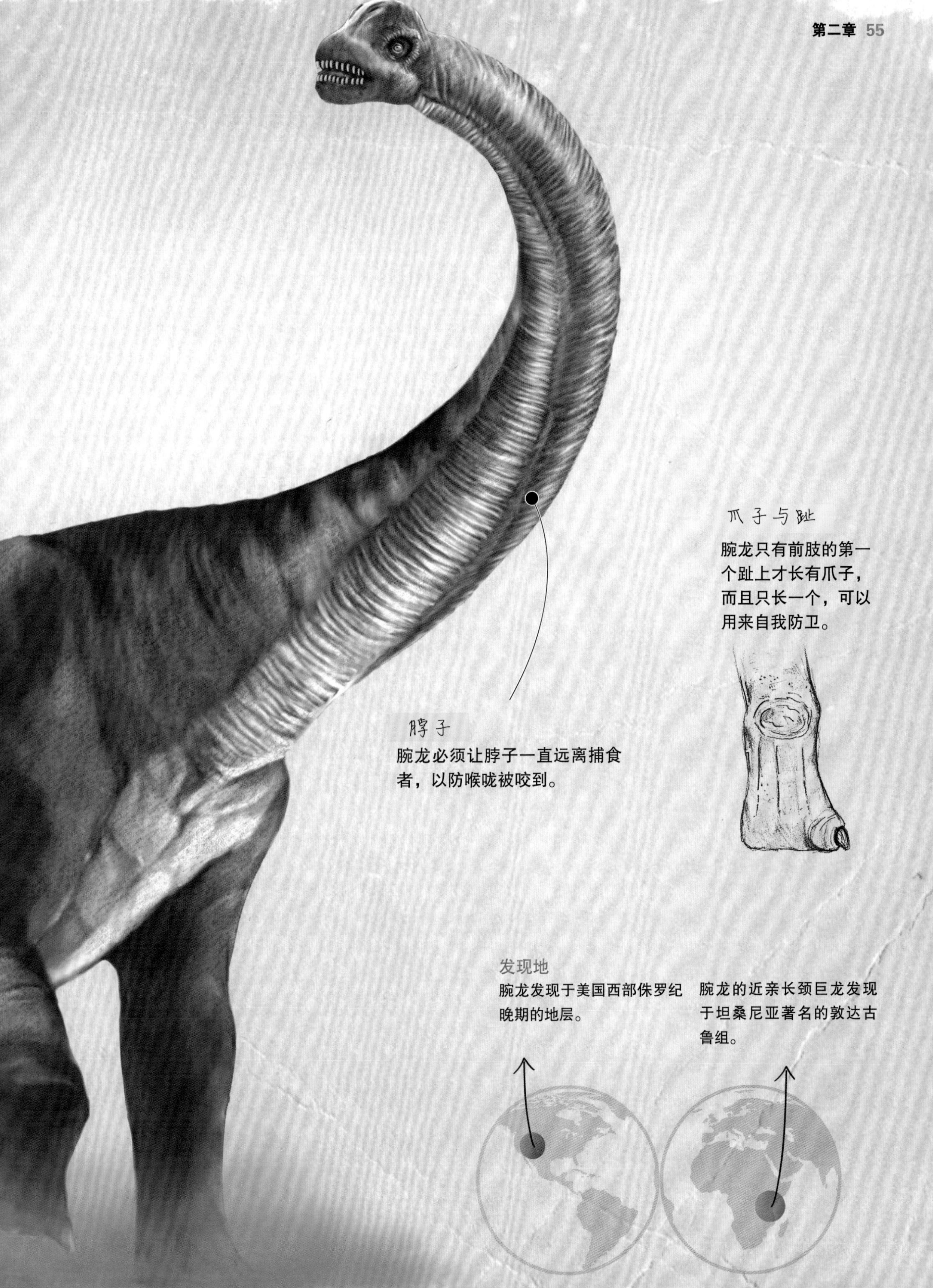
脖子
腕龙必须让脖子一直远离捕食者，以防喉咙被咬到。
爪子与趾
腕龙只有前肢的第一个趾上才长有爪子，而且只长一个，可以用来自我防卫。
发现地
腕龙发现于美国西部侏罗纪晚期的地层。
腕龙的近亲长颈巨龙发现于坦桑尼亚著名的敦达古鲁组。

腕龙

长颈巨龙是腕龙类中最著名的恐龙，其化石多发现于非洲的坦桑尼亚。它也是现在已知的最大恐龙之一。

长颈巨龙于1914年被德国古生物学家命名，当时被归入腕龙类。1991年，乔治·奥利舍夫斯基将长颈巨龙进行了单独分类，建立了一个独立的类。

尽管长颈巨龙和腕龙分属两个种，但它们的生活方式却很类似，也都以高处的植物为食。它们的牙齿排列方式很适合啃咬侏罗纪植物。

肱骨

长颈巨龙的肱骨细细长长，和大腿骨一样超过2米。这些特点让长颈巨龙的身体看上去很像长颈鹿。

发现者

1909年到1912年间，德国古生物学家沃纳·詹尼斯在坦桑尼亚采集到长颈巨龙、剑龙、钉状龙以及兽脚类轻巧龙的骨骼标本。

系统树

二叠纪　2.5亿年前　三叠纪　2.08亿年前　侏罗纪　1.46亿年前　白垩纪　6600万年前

虚骨龙类

腕龙类

蜥脚类

巨龙类

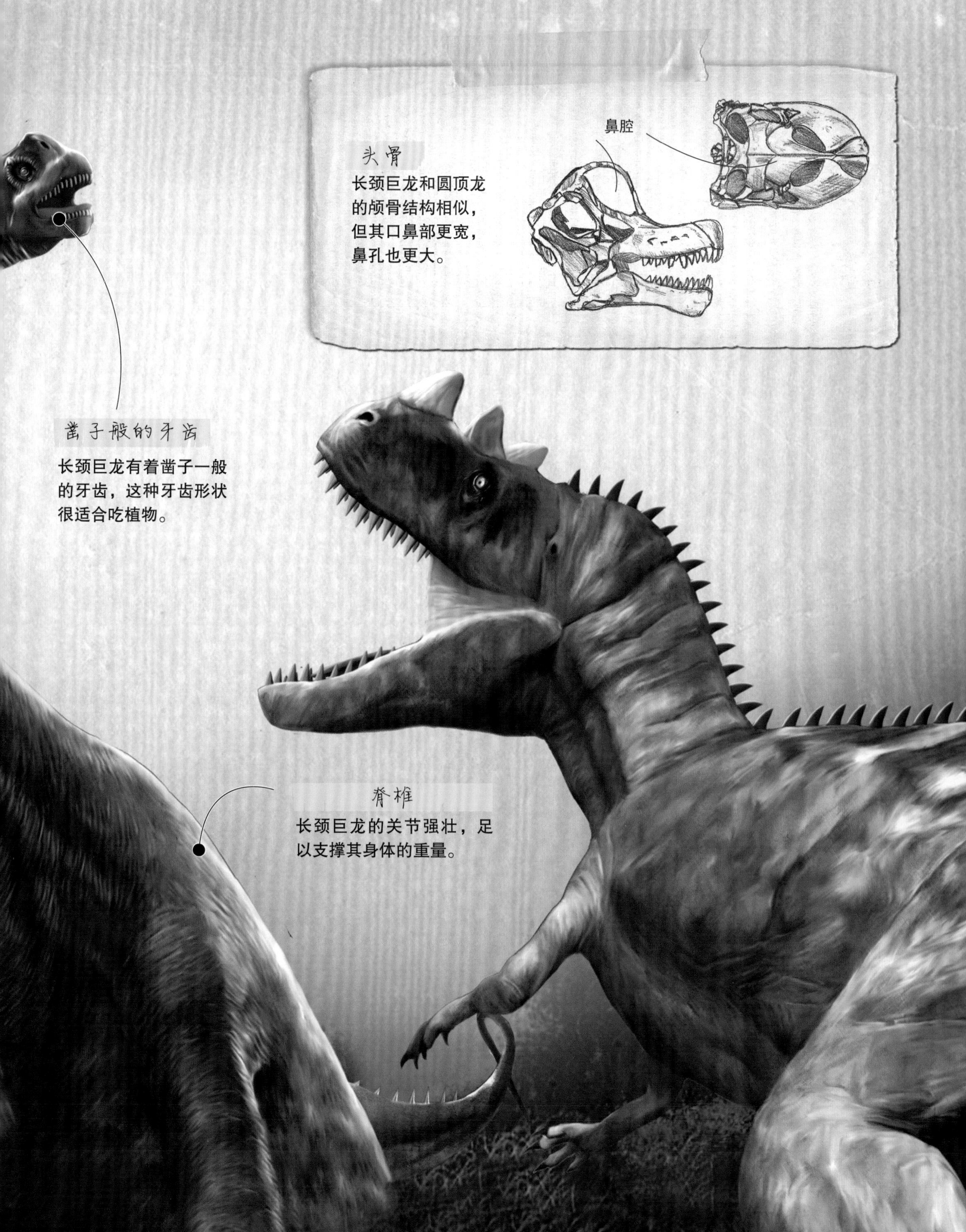
头骨
长颈巨龙和圆顶龙
的颅骨结构相似，
但其口鼻部更宽，
鼻孔也更大。
鼻腔
凿子般的牙齿
长颈巨龙有着凿子一般
的牙齿，这种牙齿形状
很适合吃植物。
脊椎
长颈巨龙的关节强壮，足
以支撑其身体的重量。

腕龙

长颈鹿般的外表
腕龙的体形很像长颈鹿，背部从肩部到臀部逐渐降低，而脖子向高处伸展。
短短的尾巴
腕龙的尾巴较短，行走时会把尾巴抬起来。
臀部
臀部强健的肌肉带动后肢的移动。

在高处进食

南洋杉是侏罗纪最高的一类植物，是许多植食恐龙的食物来源之一。腕龙为了吃到它喜欢的树叶，能将脖子抬到离地约10米高。

大骨架

腕龙抬起脖子的时候略有弯曲，胸腔极大，由粗壮的四肢支撑。

双嵴龙 头顶双冠的猎手

因为电影《侏罗纪公园》，双嵴龙闻名世界。它们最显眼的标志就是颅骨上方的两片冠饰。

尽管《侏罗纪公园》让双嵴龙名声大振，但是电影中双嵴龙展现出的两个绝技（喷毒液以及颈部长有可以像伞一样收缩的皱褶）纯属虚构，是不存在的!

双嵴龙是古老的两足恐龙家族成员，生活在三叠纪末期到侏罗纪初期，其化石在非洲、北美洲、南美洲、欧洲和亚洲均有发现。这说明在泛大陆时期双嵴龙数量庞大，足迹遍布各大陆。

腔骨龙、合踝龙、理理恩龙和恶魔龙都是双嵴龙的古老亲戚。这些恐龙拥有共同特征：脑袋低而长，牙齿多；口鼻部窄，和头部其他部分有少许分离；脖子细长且柔韧性好，这种脖子可以快速伸展，以帮助它们咬住猎物。

后肢

双嵴龙的两条腿修长而富有肌肉，跑起来飞快。每条腿上有四个趾，其中三个趾向前，一个相对较小的趾则伸向侧面。

分类：
蜥臀目，兽脚类，腔骨龙超科，双嵴龙

前肢
双嵴龙前肢灵活，易于抓捕猎物和帮助进食。
体长：约6米
体重：约500千克
食性：肉食
爪子
双嵴龙的前肢三趾有爪，第四趾相对较小。这也是后来兽脚类恐龙前肢结构的雏形。
发现地
双嵴龙生活在北美洲，其表亲恶魔龙则发现于阿根廷。
中国双嵴龙龙如其名，生活在中国，是北美双嵴龙的近亲。

双嵴龙

双嵴龙是最大的腔骨龙类之一，最长可达6米。其学名意为“长有两个冠的爬行动物”，因为它们最明显的特征就是复杂的头冠。双嵴龙的头冠只有几毫米厚，推测可能跟今天公鸡的鸡冠一样，用于同类之间的交流和互相辨别。

在侏罗纪初期，由于不存在和其体形相当的其他肉食恐龙，双嵴龙成为了最危险的捕食者。

发现者

1942年，美国古生物学家塞缪尔·韦尔斯发现了一具非常完整的双嵴龙骨架。若干年之后，他又发现了另一具骨架，让人惊喜的是，这具骨架伴有一个几乎完好无损的头骨。最新的研究显示，双嵴龙大约有成年霸王龙的一半大。除了身材优势之外，双嵴龙还有强健的上下颌，配以有力的肌肉和带气囊的骨骼。类似的气囊结构存在于鸟类身上，可以让它们的骨架变得轻盈，有利于飞行。这些气囊也存在于一些较大的恐龙身上。

系统树

二叠纪
2.5亿年前
三叠纪
2.08亿年前
侏罗纪
1.46亿年前
白垩纪
6600万年前
双嵴龙类
兽脚类
坚尾龙类

头骨

双嵴龙的头骨较长，头上长有自中间向两侧伸展的两片骨冠。其鼻腔和眼窝的开口很宽。

骨架

得益于完美的地质条件，双嵴龙的骨架保存完好，给我们提供了古老的兽脚类恐龙身体结构的重要数据。

骨冠

双嵴龙头上那两片精美的骨冠，极有可能是彩色的，用于同类之间的辨认。

长尾巴

双嵴龙尾巴上的骨头数量很多，尾巴主要用于平衡身体重量。

卡耐基自然历史博物馆

历史

卡耐基自然历史博物馆成立于1895年，创建者是匹兹堡的钢铁大王、慈善家安德鲁·卡耐基。博物馆的早期收藏包括野生动物的剥制标本、一些恐龙化石、璀璨的钻石以及来自古埃及的文物。多亏了热爱自然，特别是喜好恐龙的卡耐基先生的强力推动，博物馆研究机构的科学家展开了一次环球探险之旅。这次旅行发现和采集了众多标本，极大地充实了博物馆迄今为止的千万件藏品。

地点：匹兹堡（美国）
成立时间：1895年
网址：carnegiemnh.org

卡耐基梁龙

1899年，卡耐基和博物馆的研究人员发现了这件几乎完整的骨骼化石标本，这对博物馆的收藏和研究是极为关键的补充。这只恐龙为纪念卡耐基而命名。

多样的卡耐基科学艺术馆

卡耐基自然历史博物馆只是匹兹堡文化综合体的一个部分，这个庞大的综合体中还有卡耐基艺术博物馆、卡耐基科学中心、安迪·沃霍尔博物馆，以及卡耐基音乐厅和卡耐基图书馆。

这座博物馆有着2200万件标本，是世界上有关侏罗纪恐龙的最大收藏机构之一。

恐龙盔甲的演变

从2020年6月到2021年7月，博物馆举办了一个特别的展览，来回顾不同种类的恐龙在盔甲和其他防护机制上的演化。展览展出了包括甲龙和其他史前动物在内的众多复制品。

那时的恐龙

这是博物馆最为重要的一个展览，也是全世界最好的恐龙藏品之一，因为大部分展出的恐龙标本不是复制品，而是真正的化石。其中的迷惑龙、梁龙和霸王龙都是模式标本。模式标本的意思是说，这个种的科学描述就是基于这件标本。展出的恐龙和中生代的其他动物极具代表性，并且反映了它们各自的生境。

第三章

白垩纪的生存高手

白垩纪是一个生命大爆发的时代。恐龙是这个时代的主宰，它们在种类和数量上都大大增加，足迹也遍布世界。在这个时代，既有棘龙这样体形巨大又贪吃的恐龙，也有尾羽龙这样身材较小长有羽翼的恐龙。

白垩纪

白垩纪是中生代持续时间最长的时期，足有约8000万年（从1.45亿年前到6600万年前）。大量大小各异、长相不一的恐龙占领了那时的地球。在天上，巨大的翼龙和鸟儿齐飞，还有蛾子和蜜蜂等许许多多昆虫。

白垩纪的气候温暖潮湿，即使在南北极也没有冰川覆盖，这就意味着当时的海平面很高，许多大陆泡在温暖的浅水中。这样的时代注定适合迎接生命的大爆发。开花植物出现，恐龙也继续着多样化的发展——三角龙这样的角龙出现了，伶盗龙这样的小恐龙出现了，巨大的肉食恐龙霸王龙也出现了。

白垩纪和中生代在一场生物大灭绝中结束，所有非鸟恐龙和各种大型动物都消失殆尽。科学家推断，这场浩劫是由频繁的火山爆发以及小行星撞击地球引起的。它们带来的尘土遮天蔽日，减少了地球的光照，从而给植物和动物造成了毁灭性的后果。

植物

开花植物（即被子植物）于1亿年前出现。但针叶树这样的裸子植物是中生代的优势种。

森林

森林在气候湿润的地区枝繁叶茂，然后蔓延到其他地区。

山川

起伏的山峦，比如欧洲的阿尔卑斯山，正是在白垩纪时期开始成型。

这时的地球

地球上的板块分布和现在比较相似。北美洲、欧洲、非洲和南美洲各自为政，随着两大块美洲板块向西移动，造成与太平洋板块的撞击，板块边缘形成了起伏的山脉。

动物群

尽管恐龙在白垩纪占据了主导地位，哺乳动物也同样在演化。在中国北部发现的强壮的爬兽就是中生代最大的哺乳动物之一。

物种多样性

这一时期，不同种类的恐龙大量繁衍，遍布整个地球。

戈壁沙漠

亚洲腹地有许多戈壁沙漠，因为其中有大量保存完好的恐龙化石而闻名。针对这一区域的探索早在20世纪就已经开始。

戈壁探险家

在美国自然历史博物馆的组织和赞助下，安德鲁斯数次带队前往戈壁沙漠探险考察。

在戈壁沙漠中，人们找到了大量的脊椎动物化石。古生物学家推测，或许当时发生了一场突如其来的自然灾害，将这些动物就地掩埋，化石才得以保存得如此完整。

20世纪20年代，美国探险家罗伊·安德鲁斯率领第一支探险队进入戈壁沙漠。第一枚完整的恐龙蛋化石就发现于戈壁沙漠中最著名的地区之一——巴彦扎格（俗称烈火危崖）。巴彦扎格的地层在极度干燥的气候条件下形成，因此保存了不少恐龙蛋，其中一些相当完整。

由于巴彦扎格最常见的恐龙是原角龙，因此科学家一度认为找到的恐龙蛋都属于原角龙。当他们发现有一只恐龙把身体压在一窝蛋上面，而这是与原角龙长相完全不同的另一只恐龙时，他们想当然地认为这是一个捕食者，于是就用“偷蛋者”对它命名，这就是“窃蛋龙”名字的来历。但是20世纪80年代的新研究显示，这些恐龙蛋并不属于原角龙，它们就是窃蛋龙自己的蛋。

史前印迹

在近期的一次戈壁沙漠考察中，一队古生物学家发现了迄今为止最大的恐龙脚印。这一近1.2米长的脚印属于巨龙类。

巴彦扎格

这一地区发现了大量恐龙蛋化石。虽然这里确实存在不少原角龙的巢穴，但发现的大部分恐龙蛋化石却都属于窃蛋龙。

鸟类的起源

关于鸟类的起源有过不少争议。许多古生物学家认为，鸟类和肉食性的两足恐龙有着千丝万缕的联系。二者在骨骼、羽毛、产蛋和生活习性方面都有很多相似之处。更详细的研究表明，鸟类的直系祖先应该是包括窃蛋龙在内的手盗龙类。

孵化

有几具窃蛋龙骨架被发现半卧于其巢穴的上方，这证明恐龙会坐在蛋上面，用身体的温度来帮助孵化。

来自爬行动物的遗留

从骨架上看，手盗龙类和兽脚类都与鸟类有很多相似之处。

似鸡龙

属于兽脚类，因为外形类似鸵鸟而得名。

长羽毛的恐龙

2007年的发现显示，伶盗龙的骨骼上有小小的突起，可以确定伶盗龙长有羽毛。

羽毛是这样出现的

最初，羽毛是用来给身体保暖的。后来经过演化，羽毛成为了飞翔的装备。

皮肤上形成一个空心小突起。

北票龙

羽毛在突起的表面立起来。

中华龙鸟

羽毛呈芭蕉扇状。

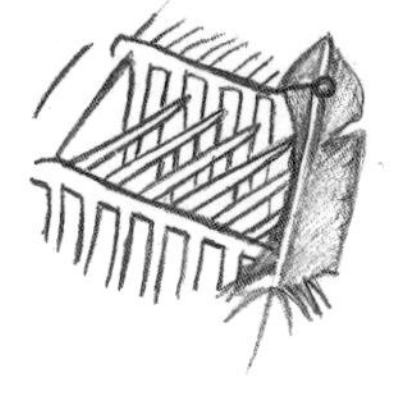

中国鸟龙

羽毛的小枝互相钩在一起。

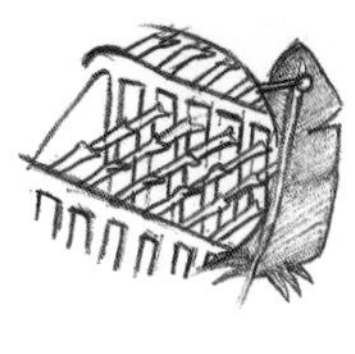

尾羽龙

羽毛渐渐和今天我们看到的羽毛类似。

始祖鸟

棘龙 高耸的背棘

作为一个陆地和水中的优秀猎手，棘龙是地球上生存过的最大的兽脚类恐龙之一。

分类：
蜥臀目，兽脚类，坚尾龙类，棘龙科，棘龙

顾浩平 绘

一些古生物学家相信，棘龙体长可以达到18米，体重7～8吨——连霸王龙和南方巨兽龙也得往后排。尼日尔、英国和巴西的发现给我们提供了有关棘龙的身体结构、生活方式等信息。其他较为重要的特征包括它们长着一个长达1.75米的巨大脑袋，背部有高达1.65米的数列棘刺。

棘龙科成员是一个特殊的兽脚类组合，它们就像鳄鱼一样，有长长的口鼻部以及锥形的牙齿。关于它们的摄食习惯，古生物学家找到了好多证据，比如鱼鳞和鱼骨的消化残留。科学家还在早期的棘龙类——重爪龙化石的肋骨之间，发现了一只植食恐龙——禽龙幼体的残骸。在巴西，在飞翔的爬行动物——翼龙的脖子上发现了棘龙的牙印。种种证据清楚地显示，棘龙科成员的食谱包括鱼、植食恐龙的幼体，以及飞行的爬行动物。

后肢
后肢强壮，足以支撑体重，以及那排长背棘带来的额外重量。

体长：12.5～18米
体重：4500～8200千克
食性：肉食

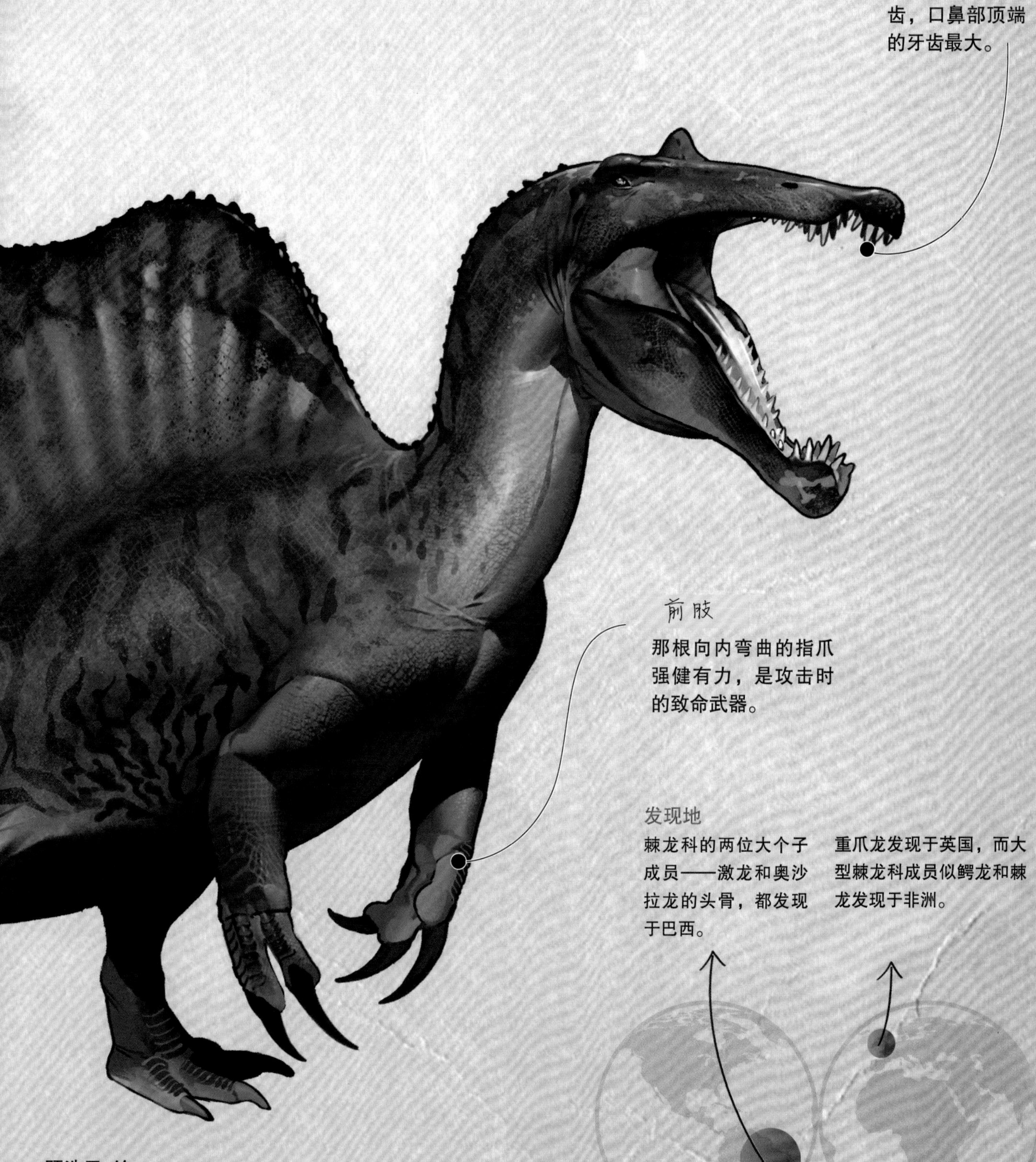

发现地

棘龙科的两位大个子成员——激龙和奥沙拉龙的头骨，都发现于巴西。

重爪龙发现于英国，而大型棘龙科成员似鳄龙和棘龙发现于非洲。

顾浩平 绘

棘龙

棘龙的身体结构使其成为了捕鱼高手，头骨上的嘴巴和牙齿的样式像极了鳄鱼。此外，和鳄鱼相似的是，棘龙的口鼻部末端有着压力感受器，有助于其发现在水中移动的猎物。这意味着即使还没看见猎物，它们也能够感觉到猎物，接着突袭对方。

沿着背部生长的长棘困扰了古生物学家很长时间。这些长得像“帆”一样的身体结构有什么用？由于面向太阳的时候，“帆”是可以吸收热量的，因此早先推测它有助于棘龙控制体温。但是，最近的研究指出，这些长棘其实储存了大量的脂肪，就像骆驼的驼峰和野牛脊背的隆起一样。棘龙的长棘也类似这种隆起，里面储存了大量脂肪，当棘龙面临食物短缺或者水中生活的时候，它就可以释放能量。

棘龙和其他肉食恐龙共处于同一环境下，如鲨齿龙。但其和鲨齿龙应该没有食物竞争。棘龙的主食是鱼，而鲨齿龙主要以游走在陆地上的植食恐龙为食。

骨骼

化石骨骼显示，棘龙是两足动物，但也可以四足都着地，蹲下或休息。

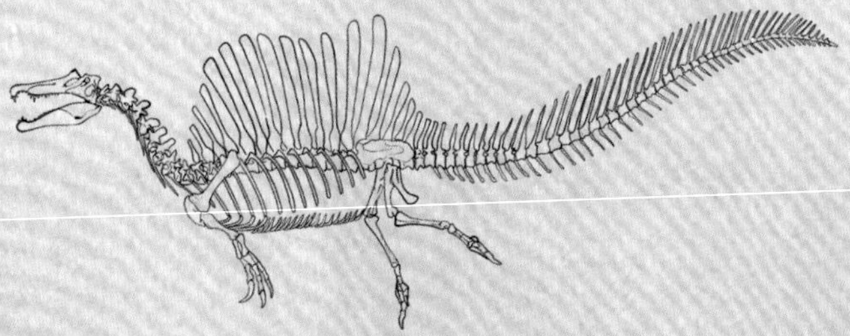

顾浩平 绘

系统树

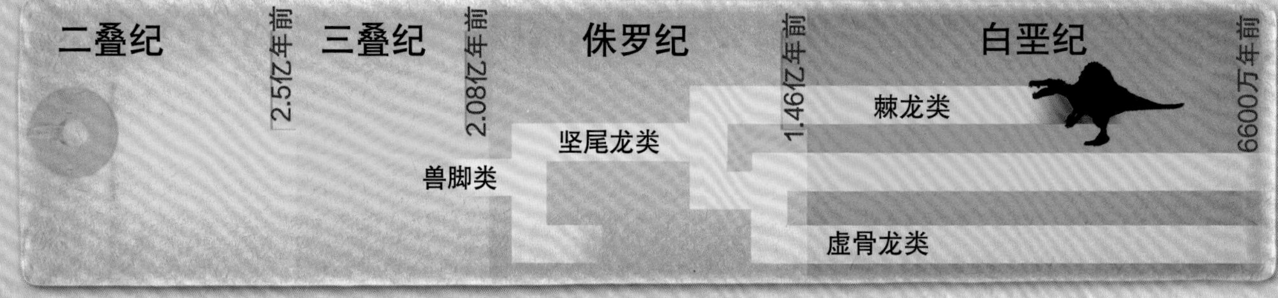

游泳好手

为了有效地找到和抓住猎物，棘龙应该很擅长游泳。

发现者

1912年，德国古生物学家厄恩斯特·施特罗默在埃及第一次发现了棘龙化石。不幸的是，这具骨架在第二次世界大战期间被一次轰炸毁掉了。

顾浩平 绘

棘龙

场景重现

棘龙正在攻击帆锯鳐。这是白垩纪时期的一个常见场景。

顾浩平 绘

牙齿
棘龙的牙齿也是圆锥状的，但没有其他兽脚类恐龙的那么弯曲，而更像今天的鳄鱼牙齿。
长长的脑袋
口鼻部很窄，顶端钩状，有尖利的牙齿突出。
帆
背上的神经棘支撑着巨大的“帆”——长度超过脊椎骨直径的10倍。
前肢
前肢长而粗壮，与霸王龙家族的前肢有很大不同，指端有高度发达的指爪。

似鳄龙 善游泳爱捕鱼

似鳄龙是一种吃鱼的恐龙，因此它的大部分时间是在水域附近或者水域内度过的。它也会捕食其他恐龙或者翼龙。这种行为加上其他一些体形特征，让它看起来和今天的鳄鱼很像。

似鳄龙是在非洲尼日尔的晚白垩纪地层中发现的，化石标本的体长11～12米，这也让它成为了已知的最大的兽脚类恐龙之一。

似鳄龙的身体结构和同时代的其他恐龙相似，比如在南美洲巴西发现的激龙和奥沙拉龙。这也没什么奇怪的，因为在1.2亿年前，非洲和南美洲靠得很近，远不是今天的样子。也就是说，恐龙、鳄鱼以及淡水鱼类，都可以方便地从一个洲前往现在的另一个洲。

似鳄龙有大约100颗锥形牙齿，辅以齿冠，这让它们可以牢牢地咬住滑溜溜的鱼儿。它们的头很长，鼻孔开口在口鼻部的顶上——这样，即使把嘴伸到水里抓鱼，鼻孔也很容易露出水面呼吸。

分类：
蜥臀目，兽脚类，坚尾龙类，棘龙科，似鳄龙

体长：约12米
体重：约500千克
食性：肉食

发现地

激龙和奥沙拉龙——两位棘龙科的成员，发现于巴西的白垩纪地层。

似鳄龙发现于非洲的尼日尔，其近亲棘龙首次发现于埃及。

似鳄龙

似鳄龙的背部分布着神经棘，但在棘龙科中其神经棘并不算大。人们相信，这些棘龙科成员背上的隆起是为了储存能量。有迹象表明，虽然棘龙科的主要食物是鱼，但在食物短缺时，它们也会捕捉其他动物。

似鳄龙的大拇指上有镰刀状的大爪子，加上强壮的前肢，既能灵活移动，也能出击狩猎。

发现者

1997年，在一次去往撒哈拉的科学考察中，芝加哥大学学者保罗·塞雷诺发现了似鳄龙化石。

系统树

二叠纪
2.5亿年前
三叠纪
2.08亿年前
侏罗纪
1.46亿年前
白垩纪
6600万年前
棘龙类
坚尾龙类
兽脚类
肉食龙类
虚骨龙类

食性

似鳄龙的上下颌结构、牙齿形状，以及胃容物的化石，都表明其主要食物是鱼，比如右图这种鳞齿鱼。

太像鳄鱼了

似鳄龙的名字来源于其头部的样子：长而低的口鼻，像极了如今的鳄鱼。

前肢

前肢长而强壮，指端长有爪。

似鳄龙

隆起的背部

背部的脊椎骨向上隆起，犹如驼峰。但这些隆起比它的后代亲戚棘龙要低一些。

骨骼化石

第一个完整的似鳄龙骨骼化石是幼体状态，它发育成年后的个头应该和霸王龙差不多。

头颅
头骨长超过1米。
口鼻部
口鼻部长而窄，牙齿的排列方式和现生动物恒河鳄很像。
强壮的后肢
似鳄龙依靠强壮的后肢进入水中捉鱼，也许它还能游泳。

比利时皇家学院

历史

自然科学博物馆是比利时皇家学院的总部，创建于1846年，当时的展品基于洛兰王子自18世纪以来的收藏。1889年至1891年间，博物馆从洛兰王子的宫殿搬迁到了一座曾经的修道院内，数年后又进行了扩建以收纳新的藏品。1950年，博物馆的新建筑完工。2007年，一个1580平方米的恐龙大厅落成。

地点：布鲁塞尔（比利时）
成立时间：1846年
网址：www.naturalscience.be

建筑和收藏

比利时皇家学院所属的博物馆建筑，位于布鲁塞尔的利奥波德公园内，靠近欧洲议会大厦。收藏分为6个部分：昆虫学、现生无脊椎动物、现生脊椎动物、人类学、古生物学和地质学。

这座博物馆拥有全欧洲最大的恐龙大厅，以及令人称道的化石骨骼和复原模型藏品。

出彩的化石

毫无疑问，30件禽龙化石鹤立鸡群。禽龙于1878年被正式描述，这是全球第二个官方出品的恐龙。博物馆共有3800万件标本，其中不少是独一无二的宝藏，包括比利时斯派洞穴的尼安德特人头骨、道岑贝格的贝类收藏以及朗尚的昆虫收藏。另外一件著名的藏品是发现于刚果的伊尚戈骨头，这是旧石器时代伊尚戈人的计数工具。

禽龙

1878年，在比利时贝尼萨尔的一座煤矿内，发现了迄今为止同一地点数量最多的禽龙化石。至少38件禽龙的化石标本出土，其中30件从1882年开始在博物馆展出。

组装现场

1882年，来自贝尼萨尔的禽龙化石骨骼成功装配出历史上第一个完整的禽龙骨架。这一工作由比利时古生物学家路易·多洛指导，博物馆的现场指挥是路易·波夫。

热爱素食的胃

在恐龙演化史上，最初出现的是植食种类。整个中生代时期，蜥脚类和鸟臀目是最为常见的恐龙。

在三叠纪晚期，植食恐龙已经分为两大阵营：蜥脚类和鸟臀目。

在早期，这两类恐龙的个头都比较小，利用树叶形的牙齿切碎植物。随着演化的进行，一部分蜥脚类恐龙越长越大，它们的后代包括长脖子的梁龙和尼日尔龙。

鸟臀目恐龙要比蜥脚类恐龙小，吃的也是不同的植物。禽龙是这类恐龙中的重要成员，也是白垩纪最常见、分布最广的植食恐龙。鸟臀目成员还包括体形稍大的鸭嘴龙家族，以及有着花哨脑袋的角龙等。

兽脚类中的镰刀龙是植食恐龙中的异类，拥有长脖子、小脑袋和小牙齿。

尼日尔龙的头

尼日尔龙的头部构造为它们高效率地进食提供了保障。轻巧的头骨让它们可以把头埋进草丛里吃植物，500～600颗牙齿让它们能快速切碎和吞咽。纵然粗糙的草料会损伤牙齿，但它们换牙的速度也很快。

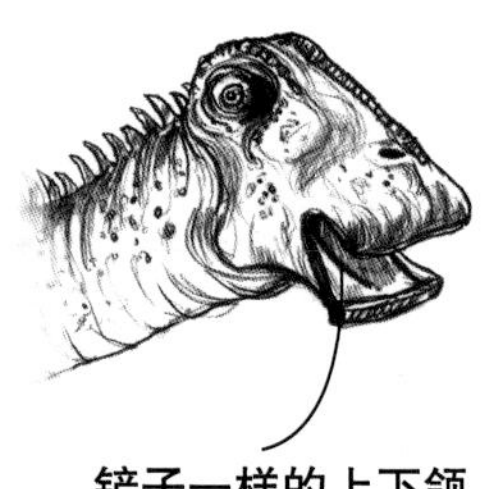

植食性的牙齿

许多植食恐龙的牙齿有着小且边缘呈锯齿状的特点。这些牙齿可以帮助它们切碎树叶以便吞咽，这样才能消化更快。

南雄龙

南雄龙是镰刀龙的一种，来自中国。它们有着一副奇特的长相：长长的脖子和小小的脑袋。

身高决定食物

蜥脚类恐龙可以够到高大树木顶端的嫩树叶，而小个子的鸟臀目恐龙只能吃低矮的枝叶和灌木。

远古的鸟臀目

皮萨诺龙是已知最古老的鸟臀目恐龙，生活在三叠纪末期的阿根廷。

防御

和今天的树懒相似，镰刀龙用锋利的长爪保护自己。

植食恐龙的主要食物是在中生代繁盛的裸子植物，如银杏、松树、南洋杉和铁树等。蜥脚类恐龙和鸟臀目恐龙都依赖它们而生。此外，由于获取方便，又利于年幼恐龙进食，蕨类植物也在它们的菜单上。

到了白垩纪，被子植物大量出现，并迅速成为许多生境的优势种。由于被子植物多是季节性植物，在某些时候，与四季常青的针叶树相比，被子植物的树叶并不是一年四季都能吃到的。

但恐龙很快适应并开始以被子植物为食。借助恐龙的粪便，被子植物的种子被四处传播，恐龙帮助被子植物加快了繁殖。当然，植食恐龙也需要在其他方面适应食物的变化，演化赋予了它们更适应啃咬并消化被子植物的牙齿和消化系统。

植物化石

在侏罗纪和白垩纪早期，最为普遍的植物之一是本内苏铁目，但它们在白垩纪末期灭绝。有些本内苏铁目植物很像今天的蕨类植物。上图是来自侏罗纪的植物化石。

超级大胃

在所有的植食恐龙中，甲龙的胃最大——你看它们那宽大敦实的体形就知道了。甲龙之所以会发展出这样的结构，是为了从树叶和果实的消化中获取最多的营养。甲龙并不咀嚼食物，而是囫囵吞下，再由发育极好的消化系统完成软化、磨碎、分解、吸收。

嘴

甲龙的牙齿很小，呈心状，在口腔周边排成数列。

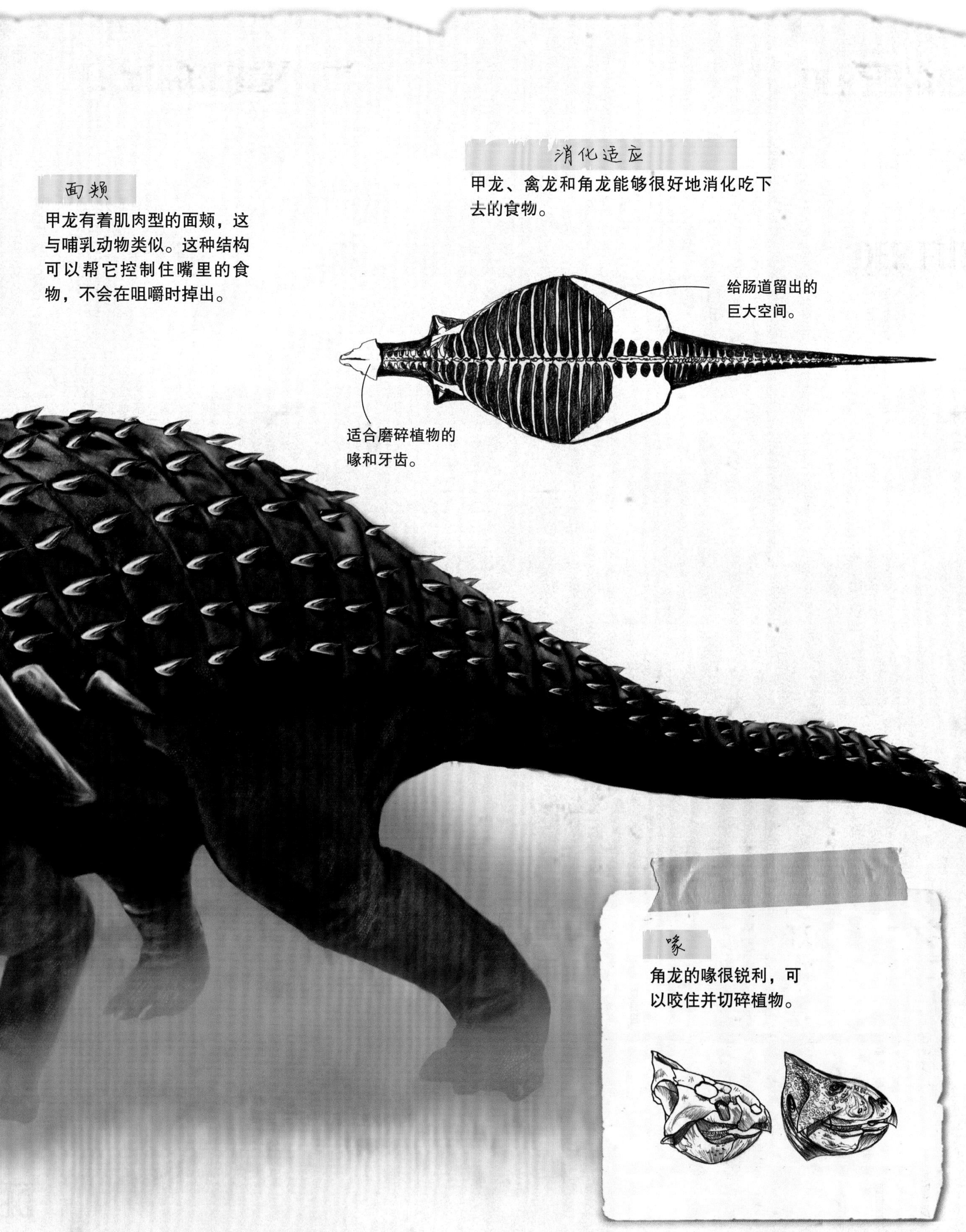

面颊

甲龙有着肌肉型的面颊，这与哺乳动物类似。这种结构可以帮它控制住嘴里的食物，不会在咀嚼时掉出。

消化适应

甲龙、禽龙和角龙能够很好地消化吃下去的食物。

喙

角龙的喙很锐利，可以咬住并切碎植物。

禽龙 锋利的拇指

在世界的不同地方出土了大量的禽龙化石。化石证据告诉我们，禽龙成群结队一起生活，一起寻找食物。

禽龙的意思是“鬣蜥的牙齿”，生活在1.25亿年前白垩纪中期的欧洲。这是一种大型植食恐龙，两足或四足行走，以蹄形的趾着地。

成年禽龙体长10米左右，个别的可以达到13米。头骨位置高，口鼻部窄，前端是没有牙齿的喙。

虽然禽龙于1822年首先在英格兰被发现，但最为著名的禽龙化石来自1878年比利时贝尼萨尔的一座煤矿，那里聚集了差不多38头禽龙的骨骼化石。比利时古生物学家路易·多洛据此拼接出多具完整的禽龙骨架，也让我们对这一令人惊叹的场景了解更多。

体长：约10米
体重：约5000千克
食性：植食

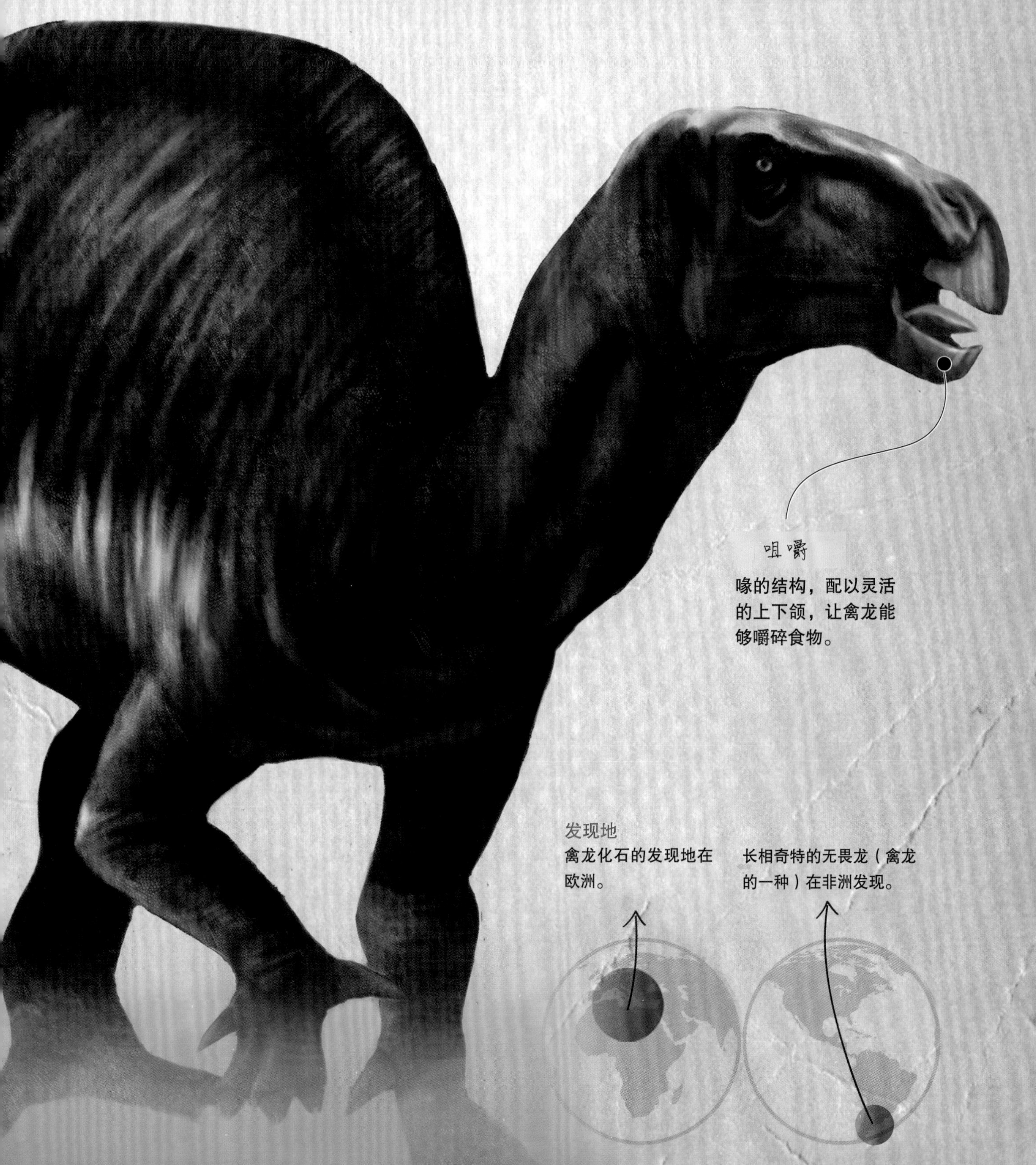
咀嚼
喙的结构，配以灵活的上下颌，让禽龙能够嚼碎食物。
发现地
禽龙化石的发现地在欧洲。
长相奇特的无畏龙（禽龙的一种）在非洲发现。

禽龙

禽龙在鸟脚类恐龙中是组团活动的。鸟脚类，顾名思义，就是它有着“像鸟脚一样的脚”。事实也是如此。这一组中的许多恐龙都有三趾，像极了鸟脚的配置。

鸟脚类恐龙化石在全世界都有发现，南极洲也不例外。它们最早出现在侏罗纪中期，并在白垩纪得到繁荣。

鸟脚类恐龙主要有两支演化路线：小型轻盈的棱齿龙和大型笨重的禽龙。棱齿龙的平均体长不到2米，以两足行走，受到攻击时可以跑得很快，尾巴长而坚硬，可以帮助它们在奔跑时保持平衡。

禽龙这一支包括贝尼萨尔禽龙以及它的近亲橡树龙、弯龙和小头龙等。

无畏龙

这一外形奇特的恐龙生活在白垩纪早期的非洲。它的背部有一大块脂肪隆起，其中有神经棘支持。

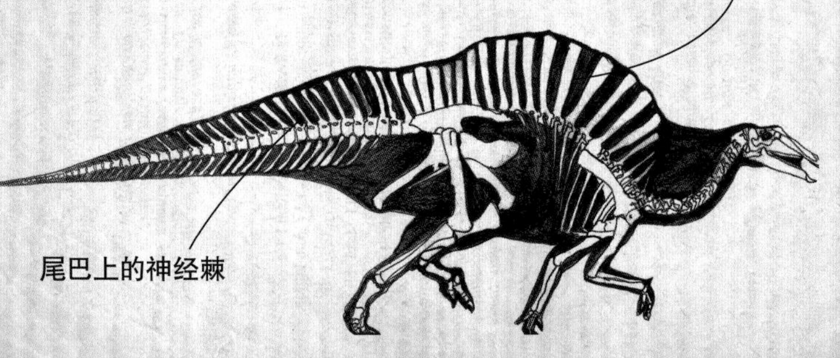

发现者

禽龙是第二种被科学描述和命名的恐龙，仅次于巨齿龙。1820年代，禽龙由英国博物学家吉迪恩·曼特尔发现并命名。

系统树

二叠纪
2.5亿年前
三叠纪
2.08亿年前
侏罗纪
1.46亿年前
白垩纪
6600万年前

鸟臀目
鸟脚类
头饰龙类
禽龙科
角龙类

骨骼

后肢相当强劲，在禽龙双腿站立的时候，可以支撑起整个身体的重量。

拇指上的尖刺

禽龙的拇指上有一个大尖刺。早期，研究人员在复原禽龙骨架的时候，曾经错把这一尖刺当成了它的鼻角。

禽龙

牙齿

禽龙的牙齿长在嘴的两边，像极了如今鬣蜥的牙齿，只是更大一些。

前肢

前肢强壮坚硬。拇指上的大尖刺用于防御，中间的指支撑体重，最外面的指可以转向其他指形成组合，就像我们的大拇指一样。

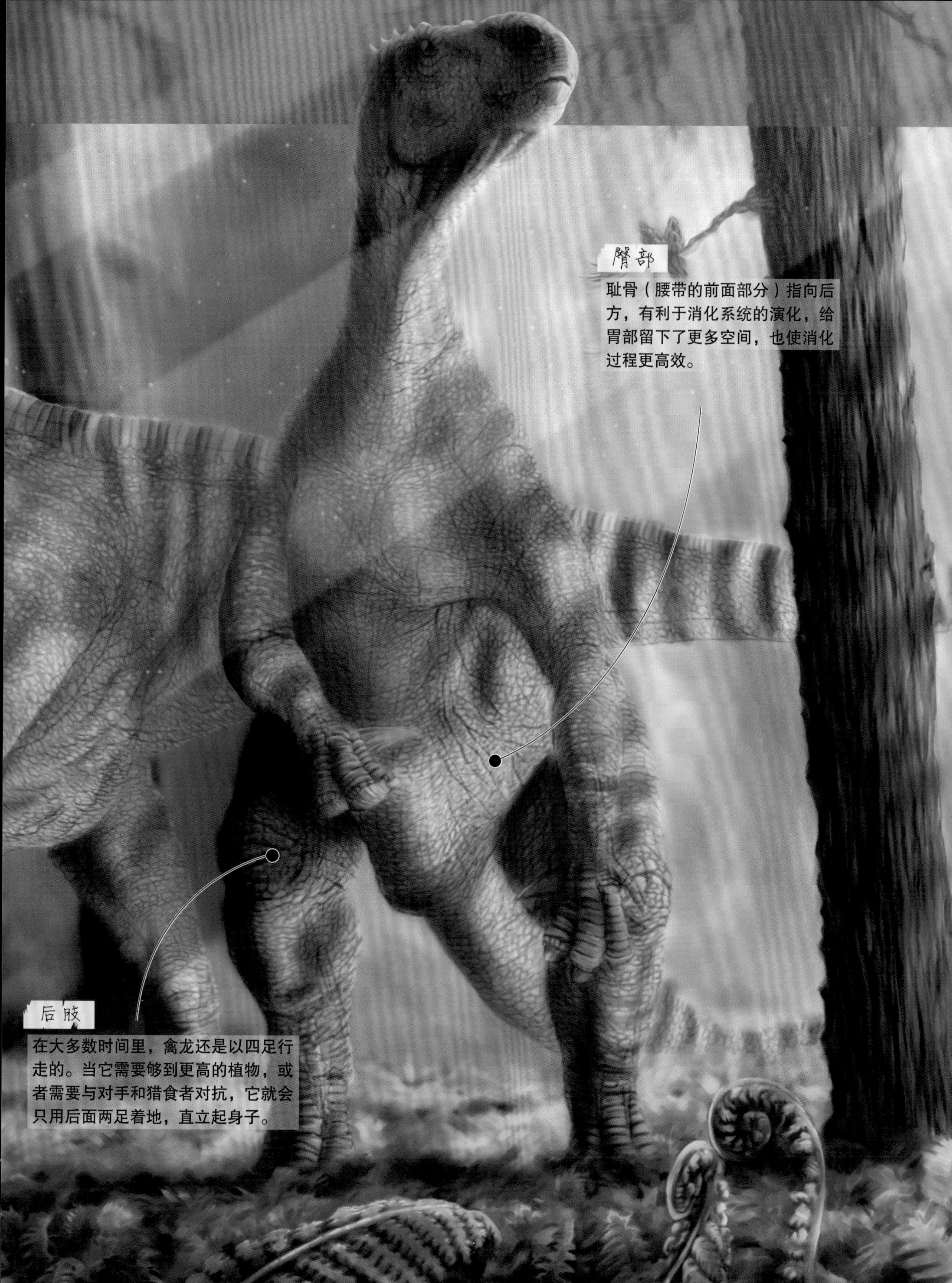
臀部
耻骨（腰带的前面部分）指向后方，有利于消化系统的演化，给胃部留下了更多空间，也使消化过程更高效。
后肢
在大多数时间里，禽龙还是以四足行走的。当它需要够到更高的植物，或者需要与对手和猎食者对抗，它就会只用后面两足着地，直立起身子。

令人战栗的食肉者

兽脚类恐龙，顾名思义，它们有着“野兽一样的脚”。这一名字预示着，这一组恐龙成员的脚趾上有着利爪。事实正是如此。大多数兽脚类恐龙是肉食动物，能够高效奔跑和狩猎。

恐龙分为蜥臀目和鸟臀目，蜥臀目又分为蜥脚类和兽脚类，蜥脚类都是植食恐龙，而兽脚类大多数是肉食恐龙。最早的兽脚类出现在三叠纪末期，约2.3亿年前。这里要重点介绍的，就是兽脚类恐龙中的食肉者。它们拥有以下特征：尖而弯的牙齿，带爪的前肢，适应快速奔跑的臀部，以及维持身体平衡的长尾巴。

最古老的兽脚类恐龙——埃雷拉龙和始盗龙在阿根廷被发现。始盗龙体长仅在1米左右，而埃雷拉龙是体形更大的捕食者。在北美，演化出了更多高等兽脚类恐龙，如腔骨龙和双嵴龙。到了侏罗纪晚期，第一类大型兽脚类恐龙——异特龙问世，其体长达到了12米。到了白垩纪时期，不同的兽脚类恐龙相继出现，从巨无霸南方巨兽龙，到小不点小力加布龙，后者仅有一只鸽子大小。

兽脚类恐龙中的坚尾龙类同样多样化，既有大型捕食者，也有以昆虫为食的小个子，它们的演化始终在进行中，今天在天空翱翔的鸟类，就是其中最好的例子。

兽脚类的脚

古生物学家奥思尼尔·马什发明了“兽脚类”这个词。他发现了异特龙和角鼻龙的骨骼化石，两者都来自侏罗纪。

大型掠食者

异特龙生活在约1.46亿年前的侏罗纪晚期，它以蜥臀目和鸟臀目恐龙为食，如橡树龙。

短和长

阿瓦拉慈龙前肢超短，很难从身体向前探出多少，但能用它们挖开白蚁冢搜寻食物。相反，擅攀鸟龙有超长的指爪，可以帮助它在树丛间捕捉昆虫。

骨骼结构

肠骨面积大，可以支撑更大片的腿部肌肉，于是它们在追踪猎物时可以跑得更快。

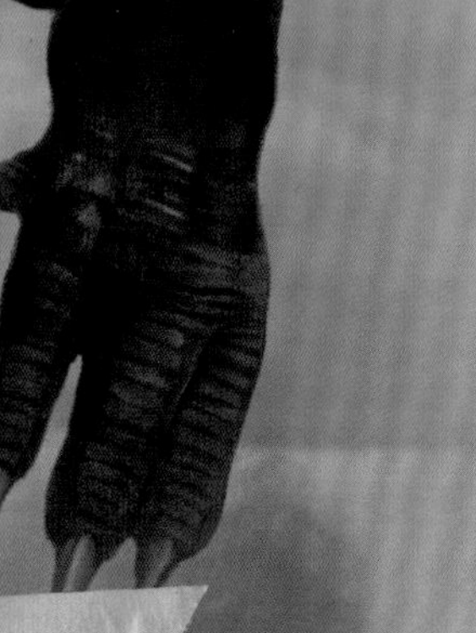

角鼻龙 强力“牛角”

佻罗纪时期，角鼻龙类（意思是“有角的爬行动物”）和坚尾龙类（意思是“坚硬的尾巴”）是兽脚类中主要的两组恐龙，而在角鼻龙类中，角鼻龙以及食肉牛龙是两个典型的代表。

白垩纪时期，冈瓦纳大陆的统治者是角鼻龙类中的阿贝力龙科，食肉牛龙则是阿贝力龙科中的王者。食肉牛龙的名字来自这种恐龙的两个特性，一是爱吃鲜肉，二是长有“牛角”。食肉牛龙的骨骼化石发现于南美洲地层中，它的近亲也在亚洲、非洲被发现。食肉牛龙前肢短小，实际上可能完全无用；但它的后肢细长，非常适合奔跑。头骨短而宽，与强壮宽大的颈部紧密相接。食肉牛龙体长约10米，重达1000千克。

发现者

食肉牛龙唯一一具骨架化石于1984年被阿根廷古生物学家若泽・波拿巴发现。当时，化石牢牢地嵌在极为坚硬的岩石中，挖出来费了相当大的功夫。波拿巴于1985年科学描述了这一新种，并取名萨氏食肉牛龙。

皮肤

食肉牛龙的皮肤上有鳞片状的突起和皱褶，可能用于抵御攻击。

牙齿

上下颌有着许多尖利的牙齿。

多用途的脚

兽脚类恐龙的脚既要支撑身体的重量，又要为跳跃提供力量，为奔跑提供速度。脚上有三趾，趾端具利爪。

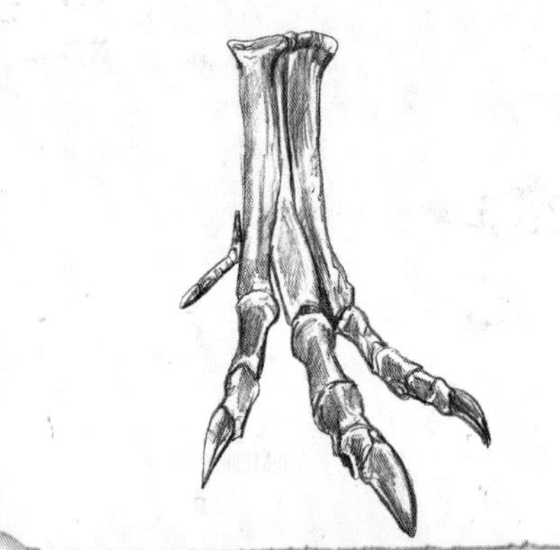

多样的兽脚类

劳亚大陆和冈瓦纳大陆在侏罗纪的分离，为兽脚类恐龙的多样性演化创造了条件。不同地域的恐龙各自演化，北面出现了霸王龙和似鸟龙等，南面出现了鲨齿龙、阿贝力龙和半鸟龙等。

虚骨龙，体长约2.4米。

角
头顶的两个角像牛角一样，强而有力。
魁纣龙，南方巨兽龙的近亲，体长约12.2米。
似鸡龙，体长约6米。
爆诞龙，食肉牛龙的近亲，体长约11米。
达斯布雷龙，暴龙科成员，体长约9米。

南方巨兽龙 危险巨兽

和其名字所提示的一样，这是一个巨型恐龙，是地球上存在过的最大的肉食恐龙之一。南方巨兽龙生活在9000万年前的南美洲。

这是一个超级捕食者。它的骨骼化石有13.4米长，头骨有1.8米长。大嘴布满尖利的牙齿，一口下去，就能轻易洞穿猎物的皮肤和肌肉。

南方巨兽龙有着相当强健的骨骼，特别是后肢，比非洲象的腿还要粗。硕大的身体加上超常规的后肢，使得南方巨兽龙在追击猎物的时候跑不快。幸好，其猎物是同样步履缓慢的泰坦巨龙，这些大个子也跑不快，所以南方巨兽龙也不存在劣势。

南方巨兽龙属于大型兽脚类鲨齿龙科，这一科差不多囊括了所有已知的最大的陆上捕食者，包括鲨齿龙、魁纣龙、马普龙等。

体长：约13.4米
体重：约8000千克
食性：肉食

巨大的头骨

在兽脚类恐龙中，南方巨兽龙的头骨是最大的几种之一，大到与它的身体不成比例。

发现地

南方巨兽龙和其近亲魁纣龙以及马普龙，都在阿根廷巴塔哥尼亚的白垩纪地层中被发现。

鲨齿龙发现于埃及，其近亲小型的驼背龙，发现于西班牙。

南方巨兽龙

牙齿

牙齿细短，便于撕扯皮肤和肉。

已知最古老的鲨齿龙——昆卡猎龙，在西班牙1.3亿年前的地层中被发现，化石标本有6米长，它的某些近亲体形更大一些。

鲨齿龙的名字，顾名思义，就是有鲨鱼一样牙齿的爬行动物。的确，这些恐龙的牙齿异常锋利，犹如鲨鱼牙齿。鲨齿龙总共有约70颗牙齿，撕扯猎物毫无困难，但可能还不能咬碎骨骼。

南方巨兽龙和它的鲨齿龙伙伴是1.25亿年前到9000万年前冈瓦纳大陆的主要捕食者。但是，不知出于何种原因，它们的数量逐渐减少，直至在白垩纪大灭绝之前的上千万年完全消失。9000万年前，为什么鲨齿龙成员全部消失？至今仍是一个谜。

发现者

一位名叫鲁本·卡罗利尼的业余化石爱好者在1993年发现了一具南方巨兽龙化石。阿根廷古生物学家鲁道夫·科里亚和莱昂纳多·萨尔加多对化石进行了描述，并且以发现者的名字命名了这一个种，就叫卡罗利尼南方巨兽龙。

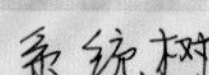

二叠纪 | 2.5亿年前 | 三叠纪 | 2.08亿年前 | 侏罗纪 | 1.46亿年前 | 白垩纪 | 6600万年前

肉食龙类

兽脚类

虚骨龙类

最大的掠食者

南方巨兽龙比霸王龙更大更重，不过在非洲发现的棘龙才是最大的陆上掠食者，它的体长可以达到18米。

嗅觉

南方巨兽龙的嗅觉比视觉更发达，它在判断猎物方面更依赖嗅觉。

猎物

南方巨兽龙有能力捕食大型植食恐龙，如泰坦巨龙。

平衡作用

尾巴在移动中帮助身体平衡。

南方巨兽龙

尾巴
尾巴由许多尾椎骨排列而成，上面覆盖着强健的肌肉以保持身体平衡。这样的尾巴也能让南方巨兽龙快速转身，发动突然攻击。
后肢
南方巨兽龙以强大有力的后肢行走，起作用的主要是中间的脚趾。

霸王龙 天生猎手

巨大的头骨、坚硬锐利的牙齿和善于跑动的后肢，这一切都让霸王龙成为史前世界里最不寻常的动物之一！

霸王龙和其暴龙科的近亲共同于白垩纪晚期在北半球完成演化，在北美洲和亚洲中部都发现了暴龙科成员的骨架、牙齿和足迹化石。

暴龙科的恐龙都是捕猎好手，它们最爱的猎物包括角龙类和鸭嘴龙。体形较大的暴龙科恐龙会和跑得快的小个子驰龙一起活动。

霸王龙的强大力量来源于它们那由颞部肌肉操控的大颌。霸王龙拥有灵敏的嗅觉，方便找到猎物。根据其后肢的构造，科学家推测它们的速度足够追击慢吞吞的大型恐龙。目前找到的三角龙和鸭嘴龙的骨头上都曾发现明显的齿痕，推测正是由霸王龙留下的，这说明霸王龙会主动攻击活着的猎物。不过，如果遇到长时间的干旱时期，霸王龙也会以腐肉为食。

分类：
蜥臀目，兽脚类，虚骨龙类，暴龙超科，霸王龙

体长：约12米
体重：约5000千克
食性：肉食

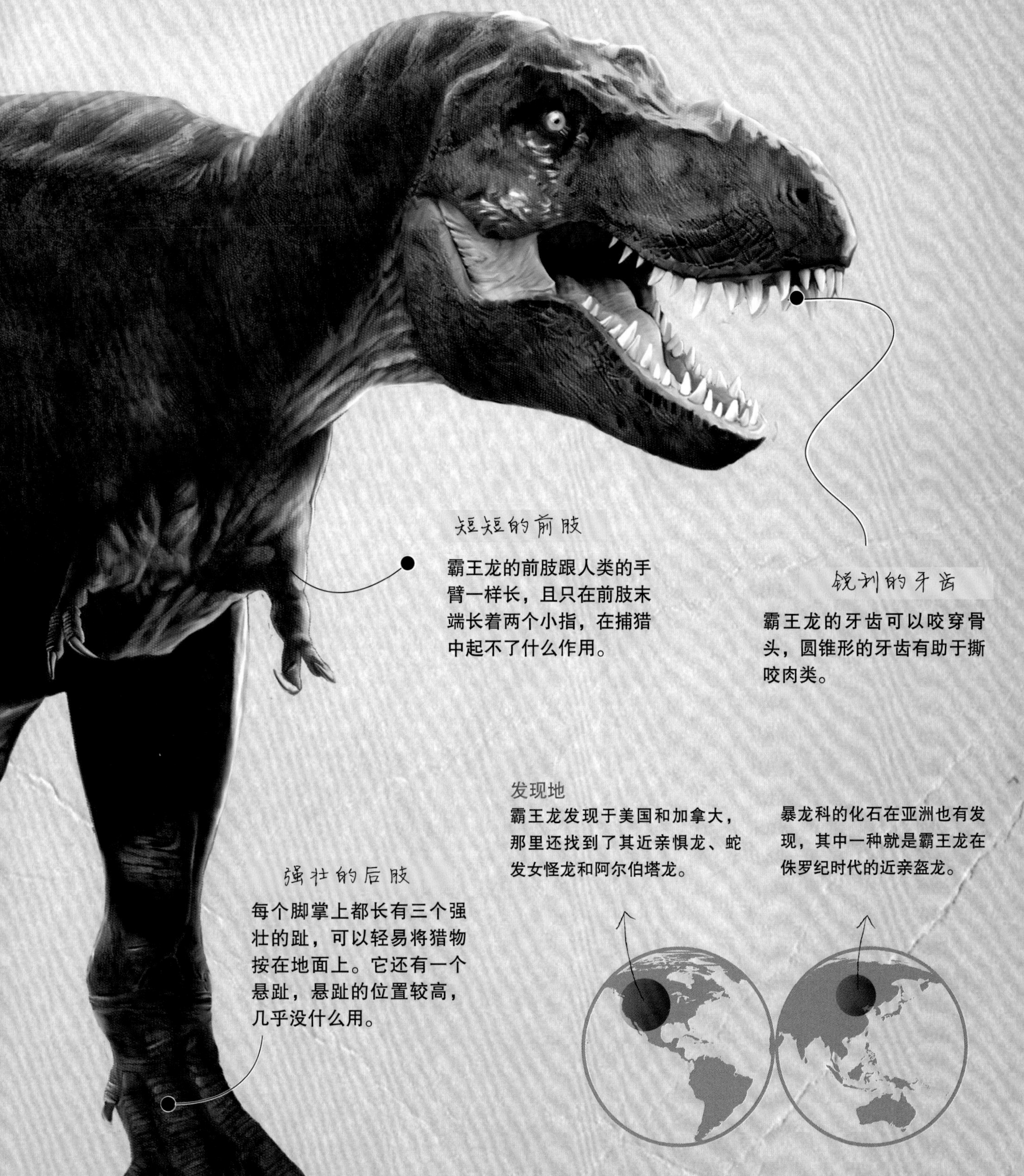

短短的前肢

霸王龙的前肢跟人类的手臂一样长，且只在前肢末端长着两个小指，在捕猎中起不了什么作用。

锐利的牙齿

霸王龙的牙齿可以咬穿骨头，圆锥形的牙齿有助于撕咬肉类。

强壮的后肢

每个脚掌上都长有三个强壮的趾，可以轻易将猎物按在地面上。它还有一个悬趾，悬趾的位置较高，几乎没什么用。

发现地

霸王龙发现于美国和加拿大，那里还找到了其近亲惧龙、蛇发女怪龙和阿尔伯塔龙。

暴龙科的化石在亚洲也有发现，其中一种就是霸王龙在侏罗纪时代的近亲盔龙。

霸王龙

《生物学报》刊登的最新研究显示，霸王龙有鳞状皮肤。古生物学家研究了在美国蒙大拿州发现的霸王龙的皮肤印迹，并将这些样本与其他暴龙科成员的皮肤印迹进行比对。其他的研究样本还包括霸王龙的部分胃、胸部、颈部、腰带、尾巴以及羽毛。科学家推测，霸王龙可能长有羽毛，但只在背部的一小块区域。

恐怖的牙齿

和其他兽脚类恐龙边缘是锯齿状的牙齿不同，霸王龙的牙齿呈圆锥形。

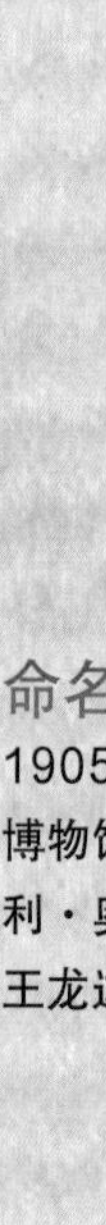

命名人

1905年，美国自然博物馆古生物学家亨利·奥斯本提出了霸王龙这个名字。

骨架

霸王龙全身约有200块骨头。

系统树

二叠纪　2.5亿年前　三叠纪　2.08亿年前　侏罗纪　1.46亿年前　白垩纪　6600万年前

兽脚类

虚骨龙类

坚尾龙类

暴龙超科

厚厚的脚掌

脚掌上有三根脚趾，都长着锋利的尖爪。脚掌底下有软垫，可以吸收来自地面的冲击力。

霸王龙

毛茸茸的幼年霸王龙

幼年霸王龙身上极有可能覆盖着类似毛发的羽毛，这些羽毛会随着它长大逐渐脱落。

优秀的猎手

因为有着强大的力量，霸王龙可以捕食大型植食恐龙。

后肢

霸王龙的后肢很长，肌肉发达。尽管体重惊人，科学家依然深信它们能够奔跑着追赶猎物。

大大的脑袋
霸王龙头长约1.4米，嘴里有50～60颗牙齿。
前肢
霸王龙的前肢实在太短了，连自己的嘴都够不到。

菲尔德自然史博物馆

地点：芝加哥（美国）
成立时间：1893年
网址：www.fieldmuseum.org

历史

这座博物馆源自1893年在芝加哥举办的哥伦比亚世界博览会，展会上的很多展品后来成了芝加哥哥伦比亚博物馆常设展览的一部分。1905年，博物馆更名为菲尔德自然史博物馆，以纪念马歇尔·菲尔德向博物馆的研究机构捐赠100万美元。

有名的“苏”

菲尔德自然史博物馆藏有地球上最有名的恐龙化石之一——“苏”。这是世界上最大、最完整的霸王龙骨架。这件了不起的标本长约12米，高约4米，位于上层大厅。

建筑

1921年，博物馆搬迁到现址，这座新古典主义大楼由建筑师丹尼尔·伯纳姆设计。

这座博物馆拥有2600万件藏品，每年观众在250万以上，是世界上最重要的自然史博物馆之一。

头骨太重啦！

“苏”的头骨有272千克，实在是太重了，根本无法安在骨架上。如今安在骨架上的头骨是复制品，而真正的头骨化石不得不另行展出。

大腿骨

博物馆展出了巴塔哥泰坦龙的一块股骨，长度超过2.4米。这条恐龙发现于阿根廷巴塔哥尼亚，骨头上所带有的红色来自发现地富含铁元素的黏土。

精彩不断

“苏”并不是菲尔德自然史博物馆展品中唯一的恐龙。2018年后，世界上已知的最大恐龙——巴塔哥泰坦龙的复原件在博物馆的大厅落成。它和其他众多的化石组成了博物馆常设展览——星球演化的一部分。这一展览带领观众穿越地球生命的不同时期，从诞生在水中的第一个生命形式一直贯穿丰富多彩的今天，完成一次波澜壮阔的旅行。展览还包括一个化石实验室，观众可以透过玻璃，观察古生物学家的工作状况。

恐爪龙 恐怖的爪子

尾巴

尾巴的骨骼上附着长而硬质的肌腱，粗壮的尾巴有助于恐爪龙在高速奔跑中保持平衡。

恐爪龙的字面意思就是“恐怖的爪子”。它们依赖致命的、镰刀状的利爪进行攻击和防御。

1964年，美国古生物学家约翰·奥斯特罗姆和他的团队在美国西部发现了近1000件恐爪龙的骨骼化石，其中很多保存完好，包括头骨。奥斯特罗姆还在成体骨骼下面发现了大量蛋壳，这预示着恐爪龙会趴在蛋上为孵化提供温度，就像今天鸟类的孵蛋行为。

恐爪龙和其他恐龙一同生活在炎热、潮湿的森林中，包括兽脚类的高棘龙、装甲类的蜥结龙、鸟脚类的腱龙，以及巨型鸟脚类的波塞东龙。恐爪龙是两足行走、身披羽毛的驰龙科中最为著名的恐龙之一，这一科中还包括小盗龙、半鸟龙和犹他盗龙等。

分类：

蜥臀目，兽脚类，驰龙科，恐爪龙

体长：约3.5米

体重：约80千克

食性：肉食

临河盗龙骨架

临河盗龙是恐爪龙的近亲，这具相当完整的骨架发现于蒙古。

羽毛

尾端有羽毛覆盖，但尚不清楚它们身上的羽毛是否和小盗龙及尾羽龙一样普遍。

猎手的前肢

恐爪龙的前肢在平时可以收在体侧，但在捕捉猎物时可以快速伸出。

发现地

在美国，化石发现于1.1亿年前的地层中。

在亚洲，发现了许多恐爪龙的近亲，包括小盗龙、伶盗龙和临河盗龙。

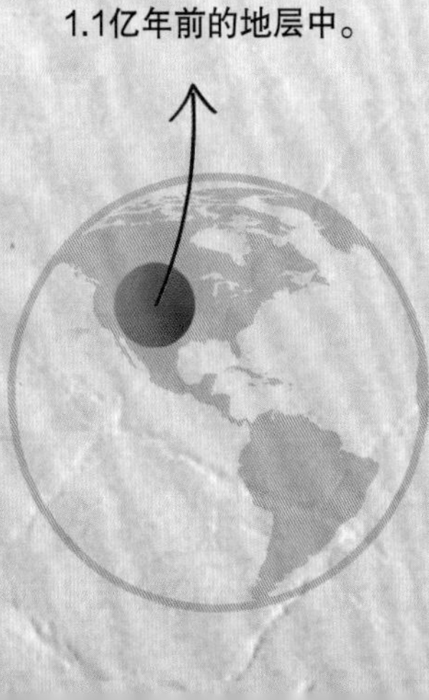

恐爪龙

驰龙科的恐龙出现在侏罗纪中期，灭绝于白垩纪末。其中的伶盗龙于1923年首次被古生物学家在蒙古戈壁沙漠发现。自此以后，不少带羽毛的恐龙相继在其他地方被发现，特别是在中国，如千禧中国鸟龙。

驰龙科的恐龙与同为兽脚类的伤齿龙较为相近，后者脚上每一趾也带有镰刀状的趾爪。由于两者成员都有这一特别的武器，因此有人把它们组合起来，归入“恐爪龙类”，意思就是“有恐怖爪子的爬行动物”。

奥斯特罗姆第一个关注到恐爪龙和最古老的鸟——始祖鸟之间的关系。他改变了古生物学家对于恐龙的看法，并使大家认识到，恐龙和那些不能飞的大走禽（如鸵鸟）之间的相似度，比和许多爬行动物之间的相似度更高。

锐眼

头骨结构显示，恐爪龙的双眼可以正面前视，如此一来它便有了立体视觉。

利齿

上下颌强健，嘴里有约70颗弧形、刀刃般的牙齿。

发现者

美国古生物学家约翰·奥斯特罗姆，就是和复原的恐爪龙骨架一起拍照的这位。他有关恐龙和鸟类之间相联系的理论，引发了古生物学界的大辩论，也打开了鸟类演化的新思路。

系统树

二叠纪
2.5亿年前
三叠纪
2.08亿年前
侏罗纪
1.46亿年前
白垩纪
6600万年前
驰龙科
鸟类
手盗龙类
窃蛋龙类
虚骨龙类

骨骼

胸腔短而直，像鸟类；颈部向上弯曲，使得头部保持在高位。

前肢

前肢大，各有三根长指，指端有弯曲的利爪，有助于恐爪龙抓牢和撕扯猎物。第二指爪长可达13厘米，特别锋利。

适者生存

为了应对复杂的生活方式，恐龙演化出多样的适应性。肉食恐龙偏重于速度和力量，以适应攻击的需要；而植食恐龙偏向于不同的防御策略以及增加体重。

肉食恐龙依靠快速的步伐成功捕杀猎物。首先，它们通过视觉、嗅觉或者听觉来锁定猎物；接下来，在一番短距离追踪后，它们利用力量来发动攻击。通常会锁定猎物身体的脆弱部位进行攻击，比如颈部，先迫使对方受伤，然后静静地待在一边，等着猎物失血致死。有迹象表明兽脚类大多喜欢单打独斗，但伶盗龙和恐爪龙可能是组团狩猎的。

与此同时，植食恐龙演化出了各种防御策略和手段：小身材的棱齿龙依靠细长的双腿快速奔跑，略显肥胖的禽龙则用尖爪作为武器；甲龙和剑龙凭借满身的装甲实现自我保护，角龙（如三角龙）则仰仗头顶的尖角和敌人对抗，而大型蜥脚类把它的长尾巴作为鞭子。此外，植食恐龙采用聚集在一起的方式，利用数量的优势和肉食恐龙对抗。

甲龙vs霸王龙

由于甲龙浑身盔甲附体，霸王龙要击败它绝非易事。

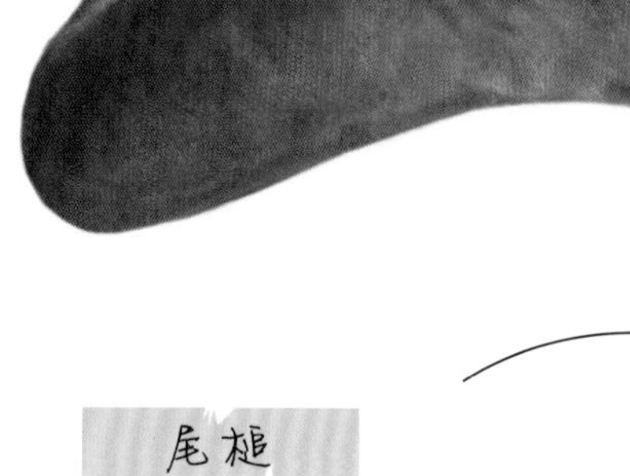

尾槌

尾巴上有骨质结节形成的锤状物。

骨甲

甲龙背部覆盖着厚实的骨甲，有些还长着尖锐的骨刺，术语叫“皮内成骨”。

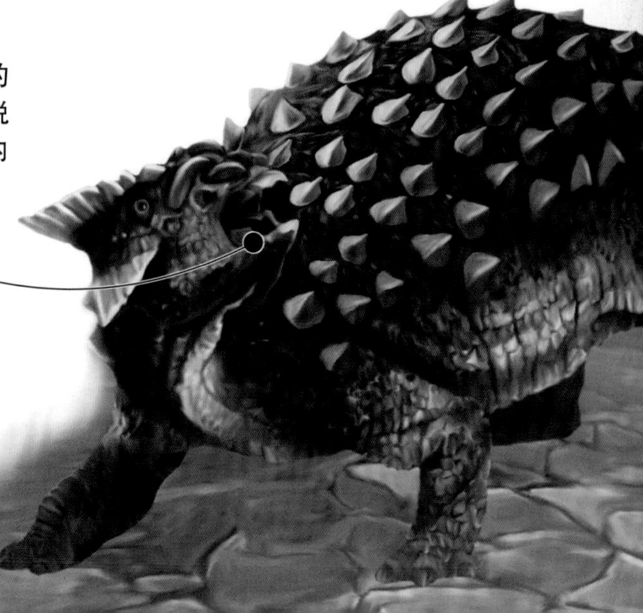

多样的防御方式

恐龙们的防御装备不仅包括尖爪、利齿、硬角和盔甲，也包括体形。比如，对于某些掠食者来说，一头成年梁龙实在是太大了，大到连击倒它都困难。

似鳄龙
前肢配备强健的爪子。

伤齿龙
有可弯曲的趾爪。

包头龙
背部长有骨刺。

肿头龙
厚实的脑袋。

梁龙
能当武器鞭子使用的尾巴。

强壮的脑袋

霸王龙会用强壮的脑袋顶翻年幼的甲龙，迫使其翻过身来，露出更薄弱的腹部。

尾巴

许多恐龙把它们特殊的尾巴当作防守的武器。

包头龙

蜀龙

米拉加亚龙

定格在激战中

原角龙由角龙科演化发展而来，角龙科中最有特点的是三角龙：头上有角，有不同样式的颈盾，它们都是对付捕食动物的武器。

角龙科和鸭嘴龙科的埃德蒙顿龙一起，组成了美洲最大的植食恐龙动物群。

迄今发现的最为著名的原角龙骨骼化石所展现的状态，是它正和伶盗龙纠缠在一起打斗的场景。

1971年，一组古生物学家在蒙古发现了这件骨架。化石上，伶盗龙正用一只尖爪攻击原角龙脆弱的颈部。古生物学家相信，7000万年前的某个时候，这对正在激战的恐龙突然遭到沙尘暴袭击，因为来不及逃跑同时死亡，留下了这一永恒的瞬间。

大小

原角龙四足行走，体重超过今天的非洲象。

速度

肉食恐龙和植食恐龙都演化出了轻巧细长的双腿，如同我们今天看到的没有飞翔能力却善跑的鸵鸟。按照这样的演化趋势，追击和逃跑的双方都能跑得更快。

植食性的兽脚类恐龙

镰刀龙类是一类非常奇特的兽脚类恐龙，它们是植食恐龙，但其祖先是肉食恐龙。它们有着镰刀状的巨爪，既可用来采食，也可用来防身。

利嘴

原角龙有强健带弧形的喙，能够强力撕咬攻击者。

尖爪

伶盗龙用尖爪制服猎物。它的脚上也有长爪，像锋利的钩子。

三角龙 有备而来

恐怖三角龙是三角龙的模式种，其学名的意思是“有三只角的脸”。它们生活在中生代最后300万年的北美洲。

颈盾

头部后半部分向后长出的颈盾起着保护颈部的作用。

1889年，三角龙第一次获得了科学描述，自此之后，数百个化石标本被发现，从幼体到成体都有。

这一植食恐龙有着巨大的头骨，长达2.5米，体长有9米，身高可达3米，最重的可能有12 000千克。三角龙是四足行走的恐龙，无法仅用后腿站立。它以低矮、粗糙的植物为食，强劲的喙可以切断植物。前肢三趾，后肢四趾，趾端蹄状。

三角龙的口鼻部上方有一个短角，眼睛上方有一对长角。长角是头骨结构的延伸，角的外层覆有角质，和今天的公牛、水牛和羚羊一样。三角龙的角在断裂或损伤后可以再生。

分类：

鸟臀目，头饰龙类，角龙类，三角龙

体长：约9米

体重：约12 000千克

食性：植食

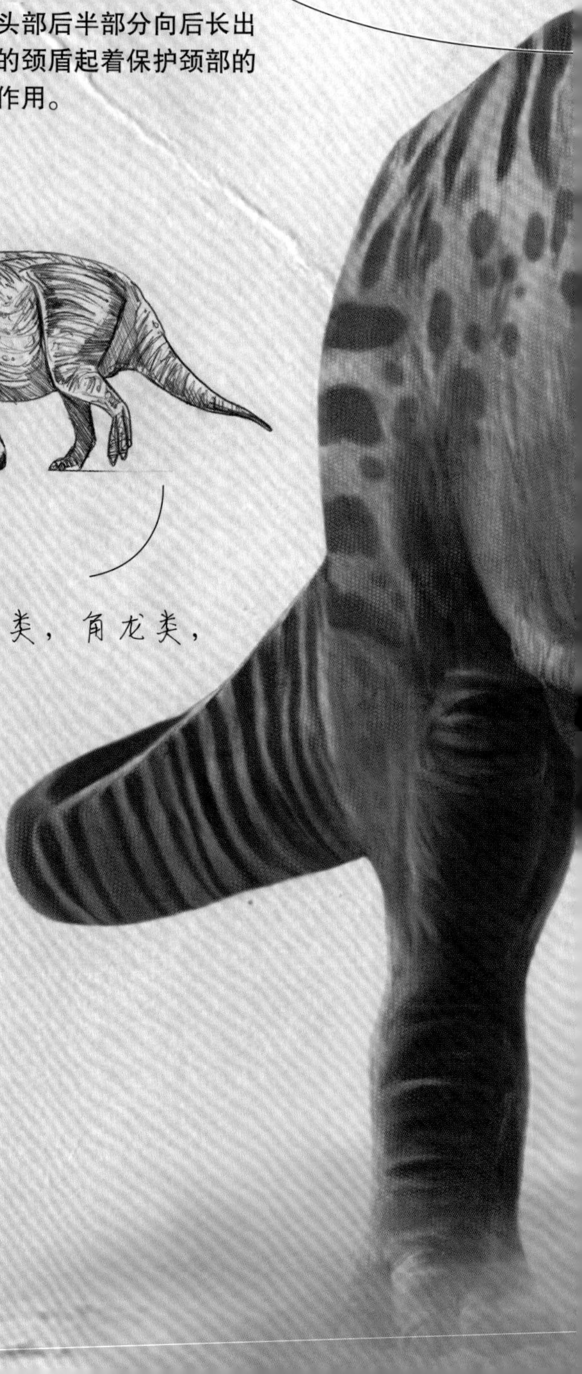

颌骨
强壮的颌部，末端形成尖利的喙。
发现地
仅发现于北美洲，世界其他地区未见。
亚洲发现了三角龙的远亲，它们大多数都没有角。

三角龙

和其他角龙类恐龙一样，三角龙的头骨后方长有一个大大的骨质颈盾，用来保护柔软的颈部。研究指出，三角龙会以角作为防御武器，对抗像霸王龙这样的捕食者。但是，像戟龙这样的角龙，颈盾上的角仅有几厘米长，可能不足以实现真正的对抗。

出土的三角龙头骨从幼体到成年均有，而且都有头上的角和颈盾，只不过随着三角龙的年龄增长，角会越来越长，越来越厚，颈盾的位置也会越发向后，并且变薄。

角和颈盾是三角龙父母用来辨别后代的标识：每一条恐龙的角和颈盾在大小和样式上都会有细微差别。角和颈盾也是三角龙向其他同类展示地位以及求偶的工具。

姿态

之前，古生物学家认为三角龙的前肢应该向外弯曲，如同今天的爬行动物一样。如今我们知道，它们的前肢是垂直状的，就如下图显示的那样。

骨骼

在这具复原的恐怖三角龙骨架里，你可以发现颈盾就是头骨的一部分，所以颈盾也可以称作头盾。

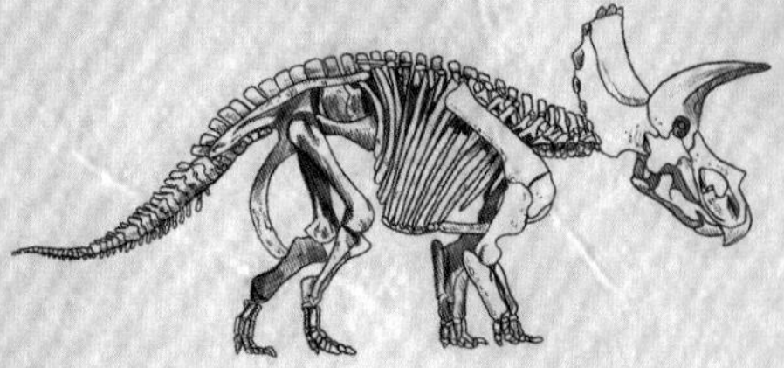

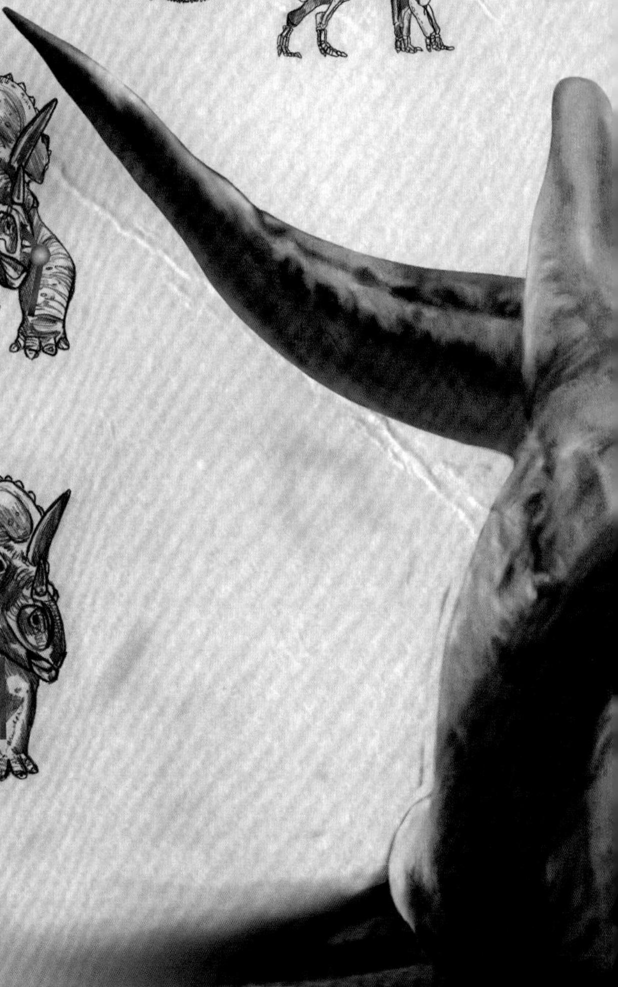

系统树

二叠纪
2.5亿年前
三叠纪
2.08亿年前
侏罗纪
1.46亿年前
白垩纪
6600万年前
鸟臀目
头饰龙类
角龙类

不同角龙的角

野牛龙
角向下弯曲。

厚鼻龙
鼻角特别宽。

尖角龙
有一个鼻角，颈部有一根长棘。

戟龙
有长长的鼻角，颈部有数根棘刺。

三角龙

牙齿

三角龙的牙齿排成多列，可以有多达800颗。

前肢

强壮的前肢不但支撑着体重，而且在攻击敌人的时候提供额外的力量。

三角脸
三角龙学名的本义是“有三只角的脸”。除了明显的三只角以外，沿着颈盾边缘还有很多小的棘刺。
尾巴
尾巴较短，因为它用不着依靠尾巴来维持平衡。和它的两足行走的祖先不同，它是四足行走。
后肢
后肢四趾，趾端蹄状。

自贡恐龙博物馆

历史

自贡恐龙博物馆位于四川省自贡市东北部。1972年，四川省石油管理局下属公司在此修建停车场时发现了恐龙化石。侏罗纪的大量化石（超过8000件骨骼）就此浮出水面，中国古生物学家董枝明对此贡献巨大。数年后，政府决定就地兴建一座遗址类博物馆以保护恐龙化石。自贡恐龙博物馆于1987年向公众开放。

位置：自贡（中国）
成立时间：1987年
网址：www.zdm.cn

超级博物馆

博物馆距离四川省自贡市中心9千米，占地7万多平方米。主馆外形是特别的“石窟”构造，内有两层及一个包含大量化石的地下现场，展示了当年恐龙化石被发现时的模样。

这座博物馆建在“大山铺恐龙化石群遗址”上，是亚洲第一家专业类恐龙博物馆。

展览主题

展览分三大主题，第一部分是关于恐龙和其他物种的演化，第二部分是各种恐龙化石展示，第三部分是恐龙埋藏遗址。游客可以从平台上观察遗址，也可以走下去细看，甚至能够亲自触摸一下标本。

马门溪龙

博物馆有一件侏罗纪晚期最大的蜥脚类——合川马门溪龙的标本。化石骨骼长22米，1972年在大山铺出土。

种类繁多

自贡恐龙博物馆出土了来自侏罗纪的几乎所有种类的化石标本，其中天府峨嵋龙、永川龙、华阳龙、晓龙等都复原了骨架。

变温还是恒温？

科学家指出，相比今天的爬行动物，恐龙在行为、技巧和适应性方面可要厉害得多。

在很长一段时间里，古生物学家认为恐龙是行动缓慢的变温动物。但是美国古生物学家约翰·奥斯特罗姆所做的研究挑战了这一观点。另一位古生物学家罗伯特·巴克也站在奥斯特罗姆这一边，认为恐龙应该是恒温动物，类似鸟类和哺乳类。

巴克从恐龙身体下方直立的腿部出发，指出与现在的爬行动物相比，它们可以跑得更快，步子迈得更大。他展示了恐龙的羽毛，这种结构像极了能保护身体热量的恒温动物——鸟类和哺乳类，无疑支持了大多数恐龙属于恒温动物的理论。

《恐龙异说》

罗伯特·巴克在1960年代和约翰·奥斯特罗姆一起研究恐龙，他是“恐龙属于恒温动物”的坚定支持者。1986年，巴克出版了名为《恐龙异说》的作品，把这一观点公之于众，引起了巨大的争议。

变温还是恒温

变温动物如蟾蜍，它们的体温会随着坏境温度而变化；而恒温动物如仓鼠，它们的体温是恒定的，由自身机体所控制。

蟾蜍

仓鼠

羽毛覆盖

许多恐龙，包括鹦鹉嘴龙，身体外面有羽毛覆盖。

喙

鹦鹉嘴龙的上颚有着强健的喙，状如鹦鹉的鸟嘴。

急速狂奔

鹦鹉嘴龙既可两足行走，也可四足漫步。它们很可能还可以快速奔跑，如此便能从猎食者的追击中逃脱。

吃什么？住在哪里？

变温的肉食动物只需消耗少量食物，而恒温的捕食者，比如狮子，需要大量的食物来补充能量，如此才能维持正常的体温。

一些古生物学家认为，植食恐龙可能不会是恒温动物，因为中生代那些缓慢生长的针叶植物、苏铁、银杏和蕨类植物，怕是喂不饱这些大家伙。但是，在科学家完成的一系列实验中，银杏在模拟的中生代气候环境下，不但长得更快更好，而且比如今的银杏营养成分更高。因此，在恐龙生存的年代里，环境条件甚至可以让那些恒温的植食恐龙也有充足的食物。

远方的发现

极地恐龙浮出水面是1960年的事。当时，在挪威海岸和北极之间的斯匹次卑尔根岛上，发现了恐龙的足迹化石。

极地恐龙

白垩纪早期，在澳大利亚和南极大陆还连在一起的时候，极地恐龙可能在那片土地上游荡。当时的气候可能和今天的南极大陆相似，这就意味着极地恐龙不得不应对冰冻的环境。

活化石

非开花植物银杏的历史可以追溯到2.7亿年前。它的化石在世界的许多地方被发现，如今，银杏依然生机勃勃。

至暗时刻
极地恐龙可能不得不忍受每年冬天长达6个月的至暗时刻。
羽毛
羽毛可以帮助极地恐龙保持体温，在寒冷的天气里生存下来。

阿根廷龙

阿根廷龙和其他蜥脚类恐龙为什么能长这么大一直是个谜。一种说法是因为中生代时期气候温暖。可以参考的是，今天栖息在赤道附近的爬行动物，它们的体形相比寒冷地区的同类要更大。还有一种说法认为，这是由于它们吃的植物营养过低。为了更好地消化这些低营养植物，必须让它们留在身体里的时间更长，于是身体就要演化得更大，以便容纳变大的消化系统。

比一比

阿根廷差不多出土了60种不同的恐龙，包括蜥脚类、兽脚类和鸟臀类，阿根廷龙是其中的佼佼者，巨大的身材让它在众多恐龙中鹤立鸡群。

系统树

二叠纪
2.51亿年前
三叠纪
2.08亿年前
侏罗纪
1.46亿年前
白垩纪
6600万年前
蜥脚类
巨龙类

骨骼

有些相似恐龙的骨骼化石会相对完整一些，通过对比，科学家给出了阿根廷龙的估计大小：相当于三辆公交车从头至尾连起来。

发现者

1989年，吉耶尔莫·埃雷迪亚在普拉萨温库尔期间发现了阿根廷龙的化石，他立刻通知了当地的古生物博物馆并帮助修复了化石。四年后，这一发现的价值为世人所认知。

降低体重

为了降低骨骼的重量，脊椎骨的内层组织演化成海绵状，四周是薄薄的壁，中间是大量的空腔。

尾巴

尾巴和其他蜥脚类恐龙的一样长，但更富有弹性，其中包含了30多块骨头。这一特性意味着，与其他蜥脚类恐龙相比，阿根廷龙或许可以更方便地依靠后肢站立起来。

研究者

若泽·波拿巴和鲁道夫·科里亚于1993年完成了对阿根廷龙的科学描述和定名，原始化石至今仍然是阿根廷卡门博物馆收藏的一部分。

为了吃饱而奋斗

为了找到食物，不同的恐龙发展出了各自的适应方法。恐龙的牙齿形状，能告诉我们它们吃的是哪些食物，而它们的胃容物和粪便化石，也传递出有关食物的信息。

最早的恐龙体形很小，跟一只鸡差不多大。又小又尖的牙齿主要吃的是昆虫以及在林间游走的小型无脊椎动物。

这些恐龙的后代体形逐渐变大，开始捕食更大的猎物。始盗龙的体形跟一只火鸡差不多，可以捕食蜥蜴大小的爬行动物。到了埃雷拉龙，体长已经有6米，能够捕食野猪大小的动物。

到了三叠纪，另一些小型恐龙出现了，开始它们以昆虫为食，不久就转而吃植物了。

与此同时，最早的蜥脚类恐龙和鸟臀类恐龙出现了。蜥脚类中的恐龙很快长成了长颈鹿那样的体形，它们的脖子越来越长，以便够到高高的树顶，吃到树叶、嫩枝和果实。鸟臀类恐龙演化出了喙和复杂的牙齿结构，帮助它们撕扯嚼碎猎物。

蜻蜓

化石证据显示，昆虫，如蜻蜓，出现在地球上的时间比恐龙早多了。由于数量巨大且数量稳定，昆虫成为了小型食肉恐龙的主要食物来源。

捕食者伶盗龙

伶盗龙可以和大型恐龙如原角龙交战，它们用弯曲的爪子和大而锋利的牙齿杀死对方。

棒爪龙

棒爪龙是生活在白垩纪的小型食肉恐龙，它们在树枝间和浅水中捕食昆虫及小型无脊椎动物。

兽脚类恐龙的牙齿

兽脚类恐龙如伶盗龙，长有剃刀一样锋利的牙齿，向内弯曲。

弯曲的爪子

伶盗龙每一只脚的第二趾都是镰刀状的大尖爪，可以一下刺入猎物的身体。

顾浩平 绘

恐龙的消化秘密

大多数恐龙，不管是肉食恐龙还是植食恐龙，都不会咀嚼食物。它们用牙齿撕扯肉或者植物，一口吞下去，然后让胃来完成消化工作，食物在胃里被碾碎。和如今的鳄鱼及鸟类一样，恐龙也吞下石子，这些胃石可以帮助磨碎食物。在蜥脚类、鸟臀类和兽脚类恐龙的骨骼化石中，都能在肋骨部位找到胃石。

早期的蜥脚类恐龙的牙齿是尖尖的，后来的蜥脚类恐龙如梁龙、尼日尔龙，它们的牙齿已经是圆柱状了。梁龙的牙齿细细长长，像夹子一样，前端磨损严重。这一状况显示，梁龙在食用树叶的时候，先用牙齿扒拉树枝，然后把树叶从枝条上拉扯下来吃。

尼日尔龙是小牙齿组合，突出在又方又宽的口鼻部前端。这种牙齿是无法咀嚼的，因此它也只能扯下叶子吞下去。

肉食恐龙的消化系统要比植食恐龙的简单，因为肉比植物更容易消化。因此，肉食恐龙的胃要比植食恐龙的胃更小。

鸭嘴龙的消化系统

和大多数植食恐龙不同，鸭嘴龙在吞食前可以咀嚼和磨碎食物。它的嘴里排列着数百颗小牙齿，这些牙齿在磨损后是可以生长出新牙的。食物被鸭嘴龙吞下后，一边沿着消化道前行，其中的植物类纤维一边被进一步软化分解。

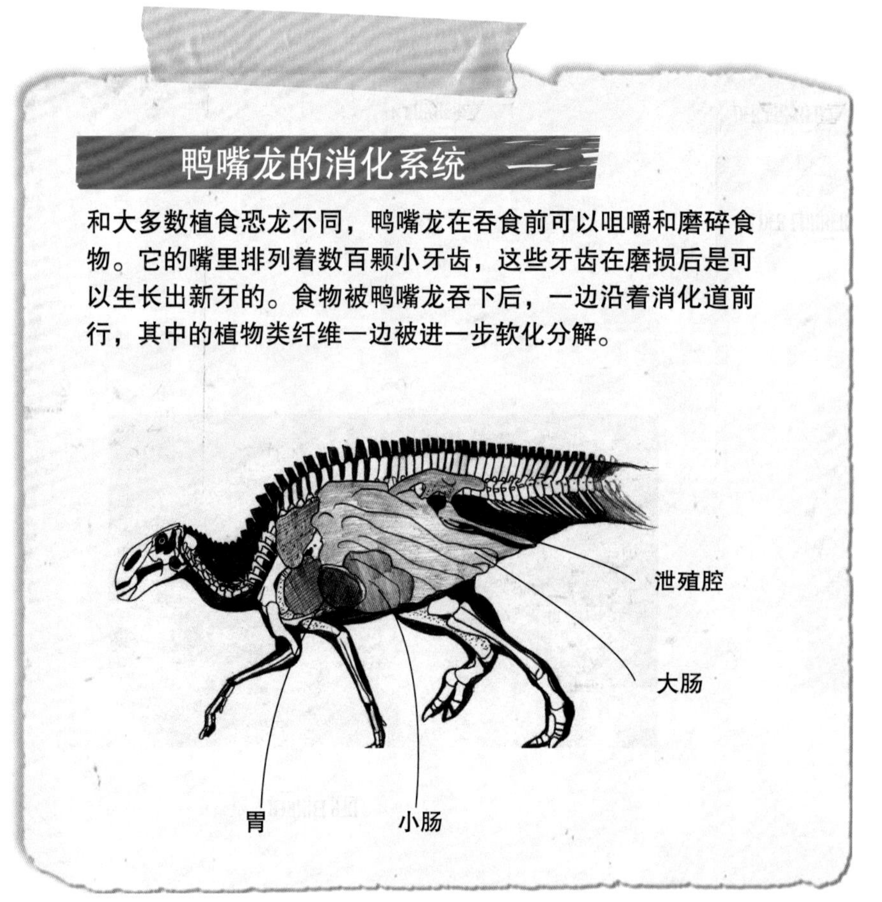

宽宽的口鼻部

科学家相信梁龙也可以吃柔软的水生植物，宽宽的口鼻部让其食谱非常广泛。

粪化石和胃石

通过粪化石可以分析恐龙的食性，了解它们的摄食习惯。粪化石中也可能找到未消化的种子、叶子或者小骨头碎片。胃石是帮助恐龙磨碎胃中食物的。

胃石

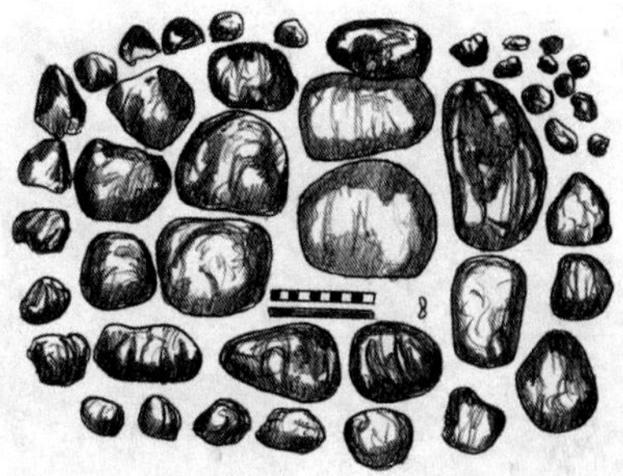

粪化石

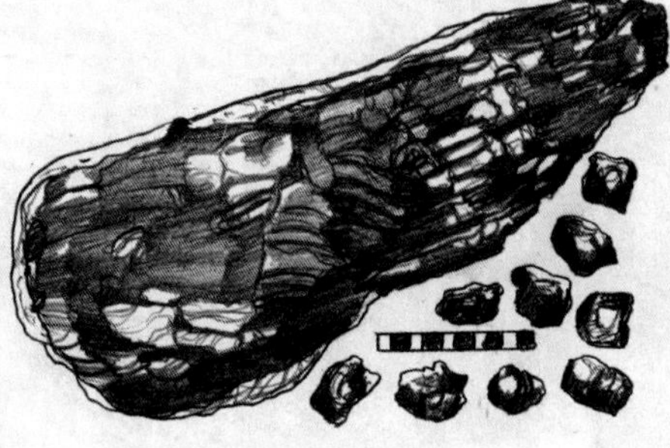

牙齿

梁龙利用牙齿从树上扒拉树枝和树叶，如同今天的长颈鹿一样。

镰刀龙 惊人的长爪

镰刀龙身体壮实，“手臂”很长，两足行走。由于模样奇特，对其分类归属很长一段时间内存有争议。如今，古生物学家认为镰刀龙应该是植食性的兽脚类恐龙。

20世纪40年代，由苏联和蒙古古生物学家组成的工作小组在戈壁沙漠发现了一些非常奇怪的化石标本。这些化石属于爬行动物的前肢，上面有着惊人的长爪子。此后的数十年，人们并没有发现这些骨骼和恐龙有什么关系。但是，采集到的标本如此之大，又如此有趣，最终让人们重新审视这一神秘化石的主人。

起初，当研究人员试图对其进行分类时，化石标本让他们很困惑。俄罗斯古生物学家叶夫根尼·马莱耶夫认为，它应该属于类似乌龟的爬行动物，所以他给这一标本起了个镰刀龙（意思是镰刀蜥蜴）的名字。但是，1950年，新的化石标本出现，古生物学家据此判定它应该是一个恐龙。又过了几十年，它被正式归类到兽脚类恐龙的队伍里。

分类：
蜥臀目，兽脚类，镰刀龙类，镰刀龙

奇怪的特征

虽然镰刀龙被归入兽脚类，但它却有着类似鸟臀类恐龙的腰带，而且每只脚上有四个脚趾。

发现地

化石标本来自蒙古和中国戈壁沙漠里的不同地层。

食性

尽管和肉食恐龙（如伶盗龙）等归为一类，但镰刀龙的主要食物还是植物。

前肢强健

前肢有强大的肌肉系统，一直延伸到肩部。

长度：约10米
体重：约5000千克
食性：植食

镰刀龙

虽然已有的镰刀龙骨骼化石很不完整，但参考从其他恐龙所取得的研究结果，还是可以对其进行重建。镰刀龙身体健硕，长脖子，小脑袋。和其他早期鸟臀类恐龙相似，镰刀龙用两脚行走，每只脚上有4个脚趾。这是与其他兽脚类恐龙不同的地方，其他兽脚类只有3个脚趾。

镰刀龙的前肢有2.5米长，各有3指，指上均有长长的指爪，指爪极有可能达到1米长。有些古生物学家相信，镰刀龙会以这些指爪为武器，展开防卫或者争夺领地。今天我们已经了解到镰刀龙是植食恐龙，所以这些指爪也可能是切断树枝的工具，就像树懒一样。

近亲

北票龙、懒爪龙和阿拉善龙与镰刀龙一起，在1990年代被归入了一个家族。

阿拉善龙

懒爪龙

北票龙

第一次发现

镰刀龙的化石于1948年被发现，地点位于蒙古西南戈壁沙漠的纳摩盖吐组。

系统树

二叠纪 | 2.5亿年前 | 三叠纪 | 2.08亿年前 | 侏罗纪 | 1.46亿年前 | 白垩纪 | 6600万年前

兽脚类 | 虚骨龙类 | 镰刀龙类

爪子

镰刀龙的3个指爪中，第一个最大，可以用来切割树叶、树枝和其他植物。

体宽

镰刀龙的腰带宽大，这也意味着它的身体宽大，像极了如今的鸵鸟。

致命攻击

即使镰刀龙有不可思议的指爪用来抵挡攻击，它仍可能被特暴龙捕食。

镰刀龙

长和短

从完整的化石骨骼中，我们了解到镰刀龙有着不可思议的臂长。相对来说，它们的腿和尾巴相当短。

骨架

镰刀龙的化石骨架是不完整的。为了重建其身体，古生物学家研究了死神龙、慢龙等与其相似的恐龙。

头骨
迄今为止，镰刀龙的头骨还没被发现，因此，其头的重建是建立在古生物学家对相似恐龙的研究基础上。
爪
镰刀龙的利爪是已知动物中最长的。
臀部结构
镰刀龙的臀部结构类似如今的鸟类。这一特征可能有助于容纳镰刀龙那超长的肠子。

加拿大皇家蒂勒尔博物馆

历史

1981年，加拿大阿尔伯塔省政府启动了在米德兰省立公园创建一个古生物博物馆的计划，这是一个拥有丰富化石的宝藏地区。经过4年的精心准备，1985年，皇家蒂勒尔博物馆落成。皇家这个头衔1990年由伊丽莎白女王赐予，而取名蒂勒尔是为了纪念地质学家约瑟夫·蒂勒尔，他于1884年发现了红鹿河谷的第一件恐龙化石。

建筑

设计之初，博物馆方开列了多达27条原则，其中包括与当地的自然环境相协调。BCW建筑事务所承担了这一设计重任。该建筑事务所还在2003年实施了博物馆的第一次扩建。2019年，卡西扬建筑事务所接手完成了第二次扩建。

阿尔伯塔龙

这一暴龙类生活在7000万年前白垩纪晚期加拿大的阿尔伯塔地区。1997年到2005年期间，来自皇家蒂勒尔博物馆的一支团队发现了不同年龄共计12个阿尔伯塔龙的化石。

组建皇家蒂勒尔博物馆的目的是为了保护和研究阿尔伯塔地区丰富的化石资源。

收藏

博物馆登记在册的化石在16万件以上，更多的还在研究和归档过程中。展出的有约800件，分13个主题展览。在所有的藏品中，有多达350件模式标本，其中最为著名的有阿尔伯塔龙、三角龙、圆顶龙、霸王龙以及结节龙等。

地点：德拉姆黑勒（加拿大）
成立时间：1985年
网址：tyrrellmuseum.com

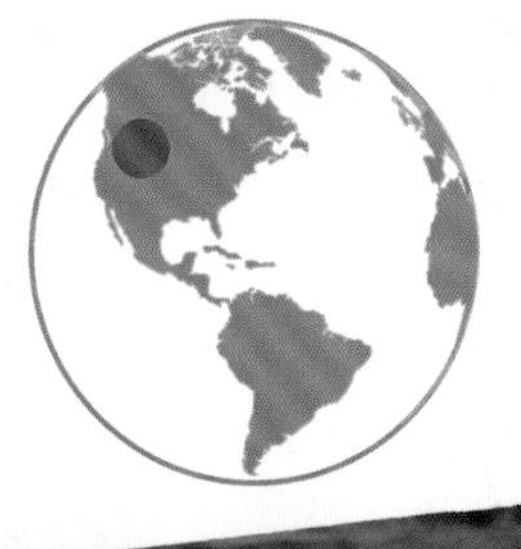

野外徒步

在参观博物馆之外，游客还能体验野外徒步，穿越米德兰省立公园——发现恐龙的野外栖息地。这一活动是特别为亲子科学游所策划的。

恐龙一家

除了牙齿、骨骼和脚印之外，人们还发现了大量石化的恐龙蛋、巢以及胚胎。这些材料让我们获得了关于恐龙早期生活的令人惊讶的信息。

化石显示，很多恐龙是群居筑巢的。恐龙蛋形状各异，大小不同。和如今的爬行动物一样，恐龙蛋的外面也有一层保护壳，坚硬的外壳使得成千上万的恐龙蛋作为化石保存了下来。

为了保温以利孵化，恐龙蛋的外面或者包裹着植物，或者由父母亲自守护，父母蹲在蛋的上面还能阻止那些偷蛋者。有些恐龙巢中尚有未能孵化的胚胎和幼体骨骼，据此我们能了解到更多信息，比如鸭嘴龙中的慈母龙。

慈母龙的幼体可能还没我们成人的手掌大。父母会照顾和保护它们，并教导它们如何获取食物和水。

有迹象表明恐龙可以对它们的孩子发出特别的叫声，如同今天的鸟类一样，以建立强烈的亲情纽带。

窃蛋龙和伶盗龙趴在蛋上孵化它们的孩子，父母用自己的体温控制着孵化温度。首次发现这一证据是在蒙古戈壁沙漠里的窃蛋龙化石上，当时，一具成年恐龙的骨骼趴在蛋上，后肢搭在中间，前肢伸展到边缘。

恐龙蛋

不同种类的恐龙会有不同的蛋，形状、大小和颜色都各异。

鸡蛋

伶盗龙蛋

高桥龙蛋

窃蛋龙蛋

内乌肯龙蛋

原角龙

原角龙是三角龙的亲戚。在蒙古戈壁沙漠上发现的大量原角龙化石显示，它们是群居生活的。原角龙的幼体只有约17厘米长，而成体体长能达到2米。

宽大的嘴

慈母龙有着宽宽的大嘴，可以向巢内输送大量食物。

负责任的父母

小慈母龙出生后待在巢里，由父母给它们喂食。

盔龙 成功的植食恐龙

盔龙群居在今天加拿大的广大地区，属于鸭嘴龙科的成员，化石骨骼发现于7600万年前的地层。

由于这种恐龙的冠饰像极了古希腊战士的头盔，古生物学家巴纳姆·布朗就给它起了盔龙这个名字。这位北美古生物学家在加拿大西部地区最先发现了盔龙的骨骼化石，化石出土的时候几乎是完整的，身体一侧甚至还有残存的皮肤。

虽然鸭嘴龙科化石在全世界不少地区都有发现，但在北美洲和亚洲，它们是白垩纪晚期最成功的植食恐龙。鸭嘴龙科恐龙有着长长的口鼻部，状如鸭嘴。颌部有着大量成排的牙齿，用来撕扯和碾碎植物。最古老的鸭嘴龙科恐龙只有马那么大，但到了白垩纪晚期，其后代的体长已经能超过10米。

我们从保存良好的恐龙骨骼的胃部找到了食物遗迹，就此了解到鸭嘴龙科恐龙的食性。此外，粪化石也显示，鸭嘴龙科恐龙的食物包括树叶、果实和种子。

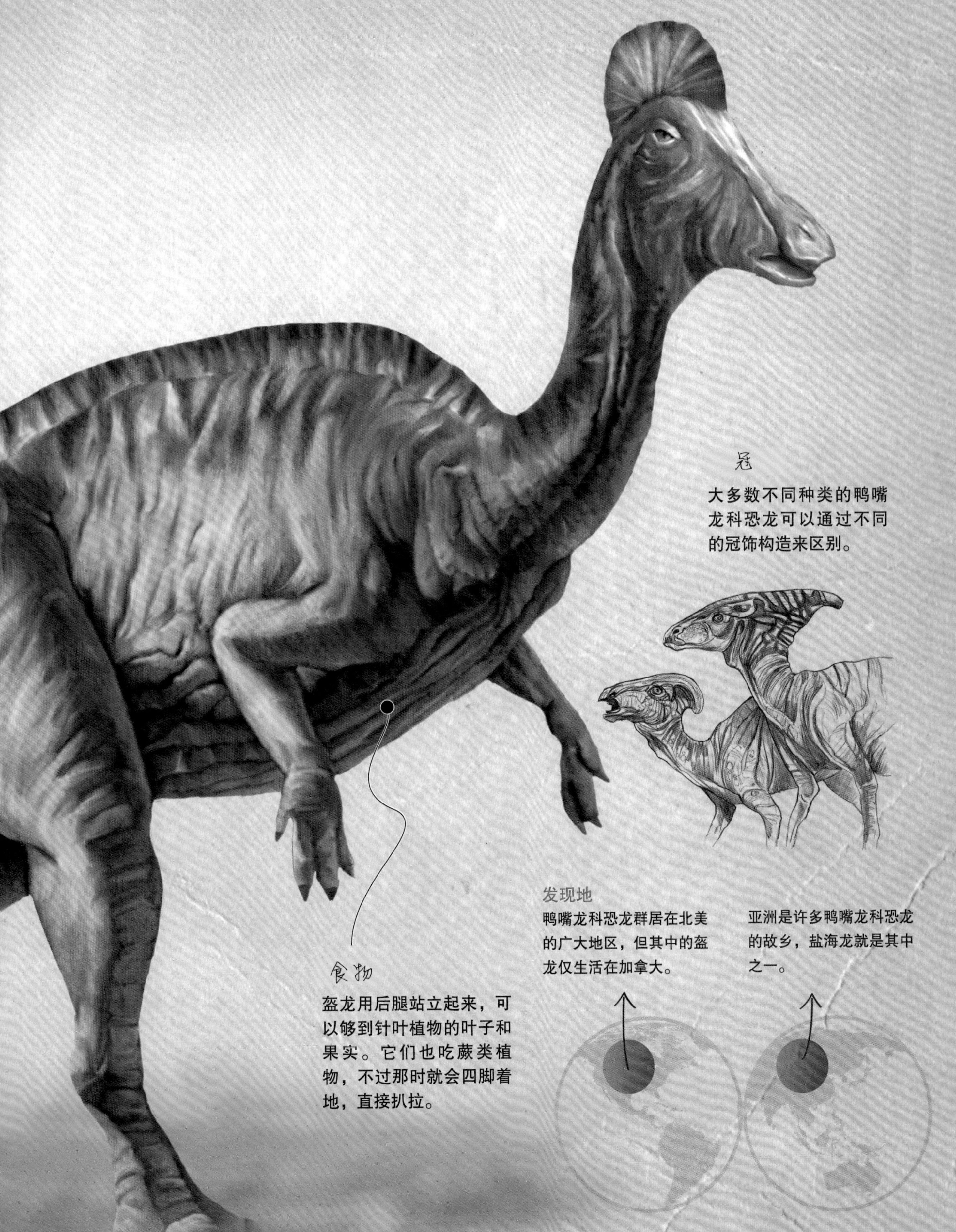

冠

大多数不同种类的鸭嘴龙科恐龙可以通过不同的冠饰构造来区别。

食物

盔龙用后腿站立起来，可以够到针叶植物的叶子和果实。它们也吃蕨类植物，不过那时就会四脚着地，直接扒拉。

发现地

鸭嘴龙科恐龙群居在北美的广大地区，但其中的盔龙仅生活在加拿大。

亚洲是许多鸭嘴龙科恐龙的故乡，盐海龙就是其中之一。

盔龙

盔龙的头骨相当引人注目，不仅是因为长口鼻，也因为大鼻子。它们鼻腔内的组织通过分泌物保持湿润，在呼吸的时候捕捉空气中的微小颗粒。

鸭嘴龙被分为两个亚科，一个是没有冠饰的，比如鸭嘴龙，另一个是有冠饰的，比如盔龙。在后一组恐龙中，鼻腔的通道一直延伸到头部的冠饰（或管饰）中。古生物学家相信，当空气通过这一管道时，这些恐龙可以发出很响的声音，能传到很远的地方。这既可以帮助成员们集合在一起，也可以在危险降临时发出警告。

发现者

1910年，古生物学家、美国化石猎手巴纳姆·布朗在加拿大西部领导了数次成功的考察。考察队在那里发现了大量有冠饰的鸭嘴龙。

系统树

二叠纪
2.51亿年前
三叠纪
2.08亿年前
侏罗纪
1.46亿年前
白垩纪
6600万年前
鸟脚类
鸟臀目
鸭嘴龙科
禽龙类

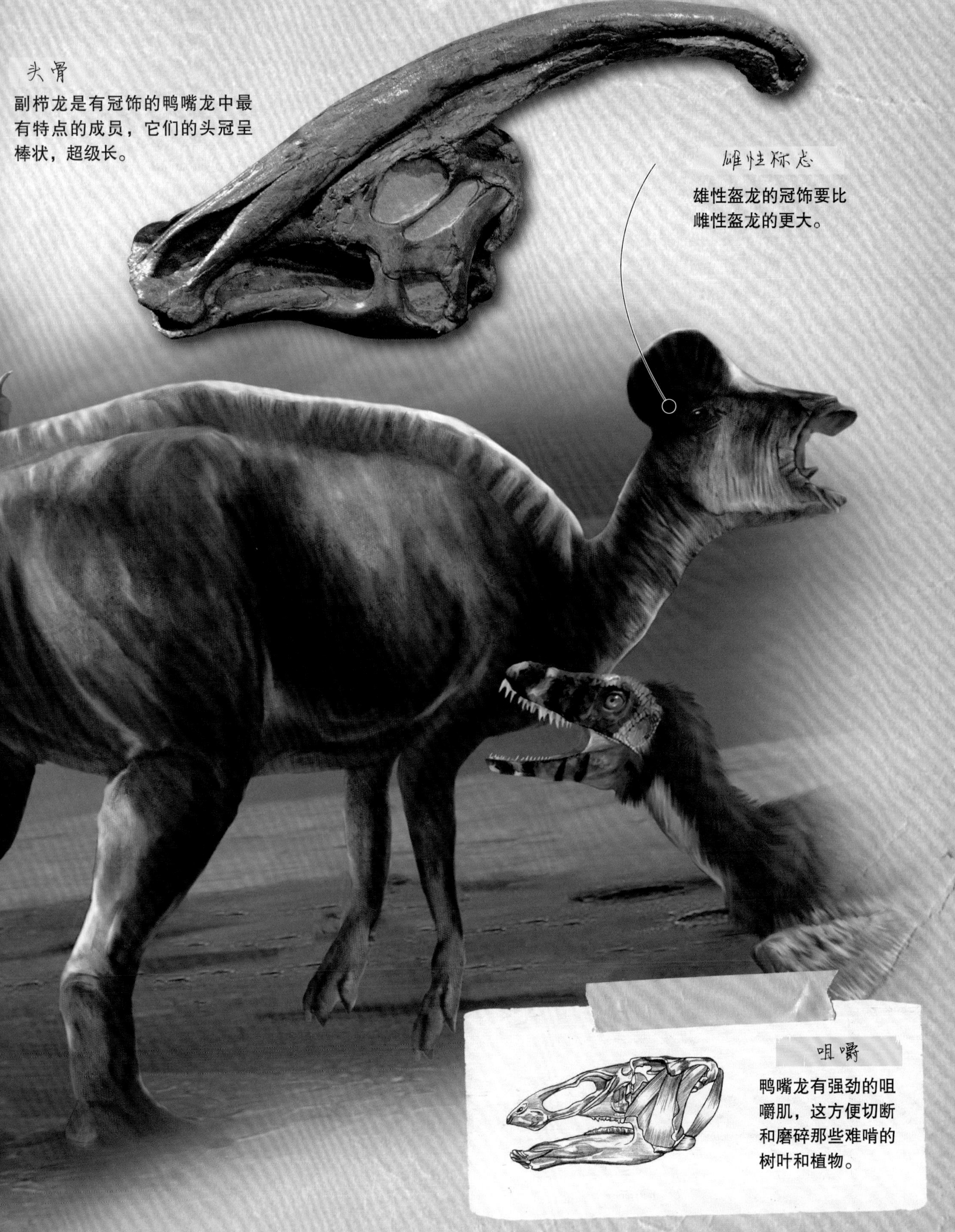

头骨

副栉龙是有冠饰的鸭嘴龙中最有特点的成员，它们的头冠呈棒状，超级长。

雄性标志

雄性盔龙的冠饰要比雌性盔龙的更大。

咀嚼

鸭嘴龙有强劲的咀嚼肌，这方便切断和磨碎那些难啃的树叶和植物。

盔龙

皮肤
盔龙的皮肤上覆有鳞片，鳞片遍布整个身体。
后肢
盔龙每只脚上长有三趾，厚实、无爪，趾端呈宽蹄状，这种结构使得它们可以在陆地的任意表面自由行走。

冠饰大小
根据性别和年龄的不同，冠饰大小存在个体差异。
前肢
前肢比后肢短。但有关脚印化石的研究表明，鸭嘴龙主要还是四足行走。
行为
进食的时候，盔龙或许会加入其他植食恐龙的队伍。这些恐龙群居在一起，从一个地方转移到另一个地方。

盔甲和头冠 沟通、对抗与炫耀

中生代时期，地球上满是捕食者和竞争者。对恐龙们来说，沟通和相互识别就显得相当重要。当然，自身具备防御能力也是必不可少的。

恐龙演化出了多种多样的办法来帮助它们互相识别，确认彼此是否同种成员。头部的冠饰就是其中之一。

植食性的角龙类恐龙（如三角龙），头部的冠饰演化到极致，角和颈盾超级大。鸟臀类恐龙（如副栉龙），中空的棒状冠饰能够让它们发出深沉的声音。这些结构可以帮助它们互相辨识是否同类，但还不足以在战斗中和敌人对抗。不过肿头龙可以算是例外，它们的头骨厚重，像一个隆起的圆顶，可以在对抗中保护自己。

一些肉食性的兽脚类恐龙也演化了它们的头骨。早期，双嵴龙的头部有了头冠；之后，在侏罗纪时期，冰脊龙和单脊龙也发展出了头冠。我们至今也不清楚，这些奇奇怪怪的头冠是用来干什么的。

肿头龙

这一类恐龙生活在白垩纪晚期，同时期的还有三角龙和暴龙。

头

硬骨的骨顶和一排尖刺武装了肿头龙的脑袋。

利用色彩保护自己

体色和花纹组成了保护色，让动物和环境融为一体，这样就不容易暴露。科学家相信，围绕身边的环境，恐龙也有自己的保护色或者其他适应性。

在平原上生活的恐龙可能在身体表面长有与羚羊相似的花纹。

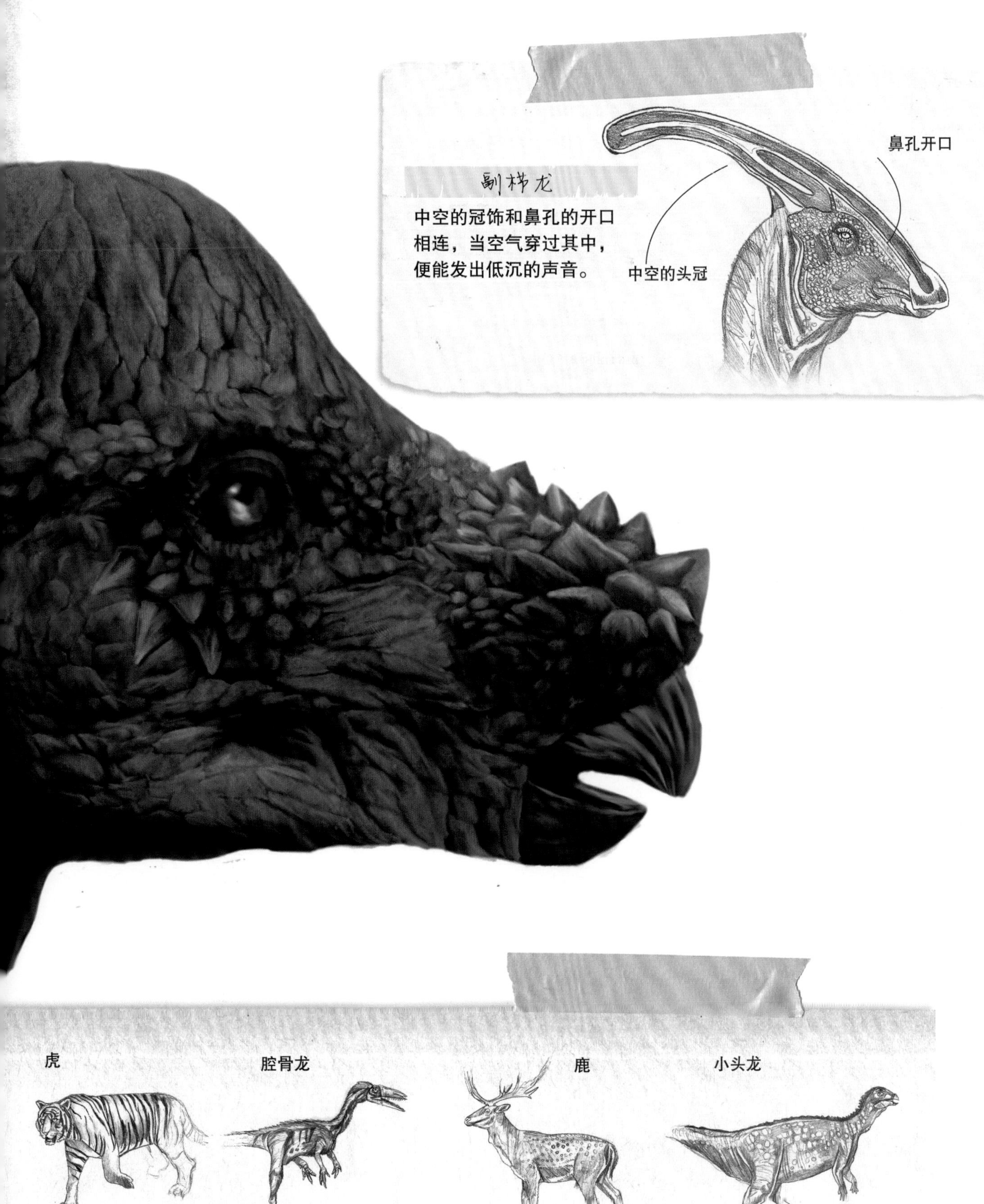

腔骨龙的身上可能有条纹，如同虎纹一样，以便在植物和树木间隐蔽。

和鹿相似，小头龙身上也有淡色斑点，这样就能模仿树木间隐约的光影效果。

甲龙类和剑龙类都演化出了极其怪诞的身体覆盖物，比如骨刺、骨板等。剑龙有沿着身体两侧排列的剑板，还有尾巴上巨大的骨刺。骨刺用来保护自己，对抗捕食者和竞争者。甲龙身体低矮壮实，四足行走，在遇到攻击时，它们会蹲下身子，让柔软的腹部紧贴地面，留下背上厚重的骨甲和骨刺，让攻击者无处下口和撕扯。

为保护自己，植食性的阿马加龙和奥古斯丁龙背部也有非常复杂的骨质构造。

身披盔甲

迪亚曼蒂纳龙

在大型植食恐龙中，有些种类拥有特别的适应性结构，迪亚曼蒂纳龙就是其中之一。迪亚曼蒂纳龙是产自澳大利亚的巨龙类成员，和其他成员相比是个小个子。它们的背部有一副奇特的“盔甲”。模式种玛蒂尔达氏迪亚曼蒂纳龙于2009年由斯科特·霍克努尔描述。迪亚曼蒂纳龙也是已知澳大利亚最完整的蜥脚类恐龙化石。

保护和识别

甲龙的头骨上有硬质的盔甲，其他兽脚类恐龙也都拥有各具特色的头饰。

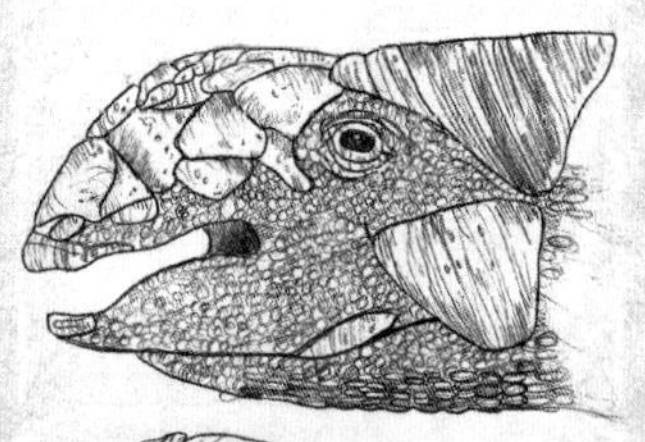

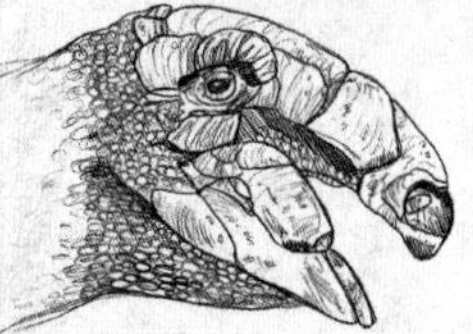

包头龙和埃德蒙顿龙的眼睑上有装甲保护。

冰脊龙有扇子状的冠饰。

葬火龙的头顶上有着不同寻常的高冠。

背部

背部分布着结节状的骨和棘，棘从脑后一直延伸到尾端。科学家尚不清楚这些棘派什么用场。

体形大小

完整复原的迪亚曼蒂纳龙有15米长，在巨龙类中是个小个子。

肿头龙 撞击的战士

肿头龙的意思是“长着厚头的蜥蜴”。这个厚头很有可能是其自卫的装备。

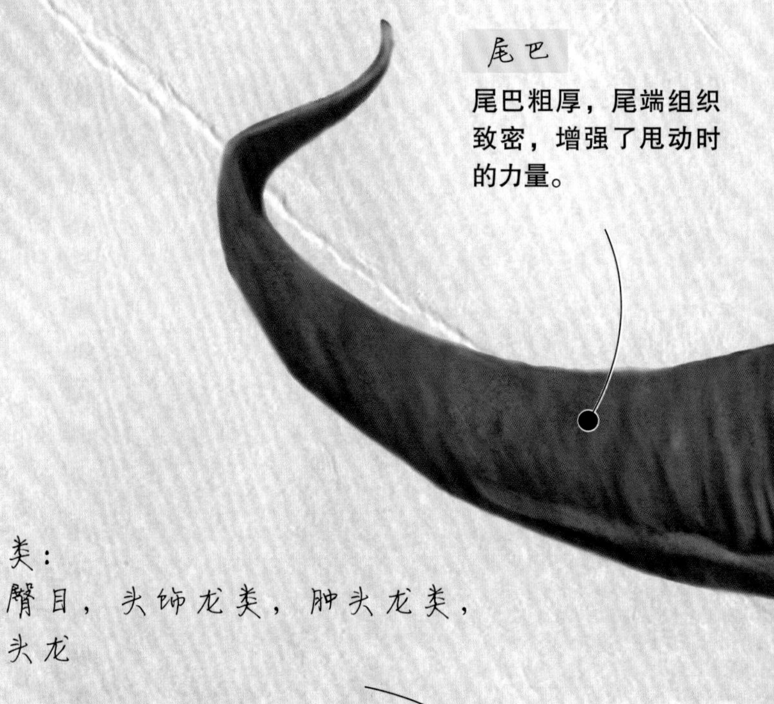

肿头龙大概是外形最奇怪的恐龙之一，它们有着圆顶状的头骨以及脸部和口部的锥状棘突。这是一类两足行走的恐龙，它们的后肢长而健壮，前肢短小。宽大的臀部显示，肿头龙有一个大胃，能够容纳和消化大量植物。

窄窄的喙状嘴中有着不同形状的牙齿，最上方的牙齿是圆锥状的，用于撕咬；位于两边的牙齿是叶状的，边缘呈锯齿状。在战斗中，肿头龙会把头当作强大的武器，它们的颈部足够结实，能够承受恐龙之间的正面冲突和侧面撞击。

肿头龙类和角龙类有着很近的亲缘关系，所以它们也属于头饰龙类。在头饰龙类中，所有的恐龙头上都有一个突出物，延伸到脖子后方。在角龙类身上，这一突出物由精美的颈饰组成；但是在肿头龙身上，突出物是数排锥状棘突。

分类：
鸟臀目，头饰龙类，肿头龙类，肿头龙

体长：4～5米
体重：约450千克
食性：植食

速度
腿长而有力，可以进行高速奔跑。

牙齿
牙齿小而尖利，
可以切割坚硬的
植物。
前肢
相对于后肢来说，前
肢要短小不少。前肢
五指，均有指爪。
发现地
肿头龙发现于美国西部白垩
纪晚期的地层中。
在蒙古的白垩纪地层中，
也发现了若干个肿头龙类
的恐龙化石。

肿头龙

在白垩纪的最后2000万年时间里，头饰龙类恐龙在北美洲和亚洲继续演化，美国西部出现了肿头龙和剑角龙，蒙古的戈壁沙漠则出现了平头龙和倾头龙。

肿头龙是头饰龙类中最大的，约有4.5米长。头骨上的圆顶随着自身的生长会逐渐长大。与雌性相比，雄性个体的圆顶头骨更高，也更弯曲。

肿头龙的大眼睛藏在深深的眼窝中，这样能保护眼睛在战斗中不致受伤。颈部的肌肉相当强劲，而脊椎骨的构造可以承受撞击。同时，宽大的臀部能够帮助它保持平衡。

系统树

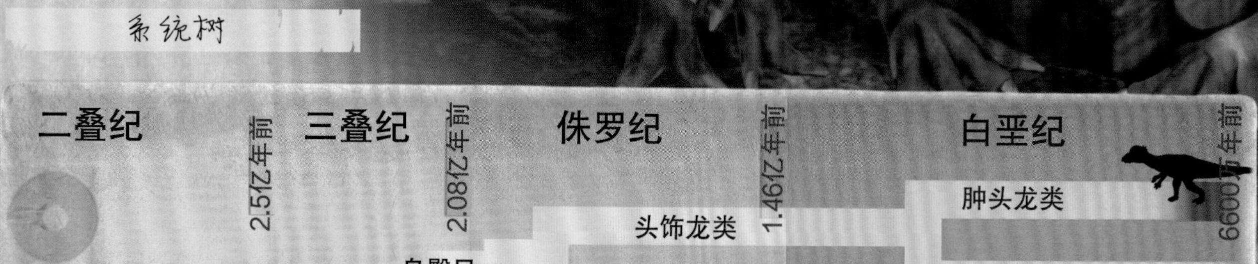

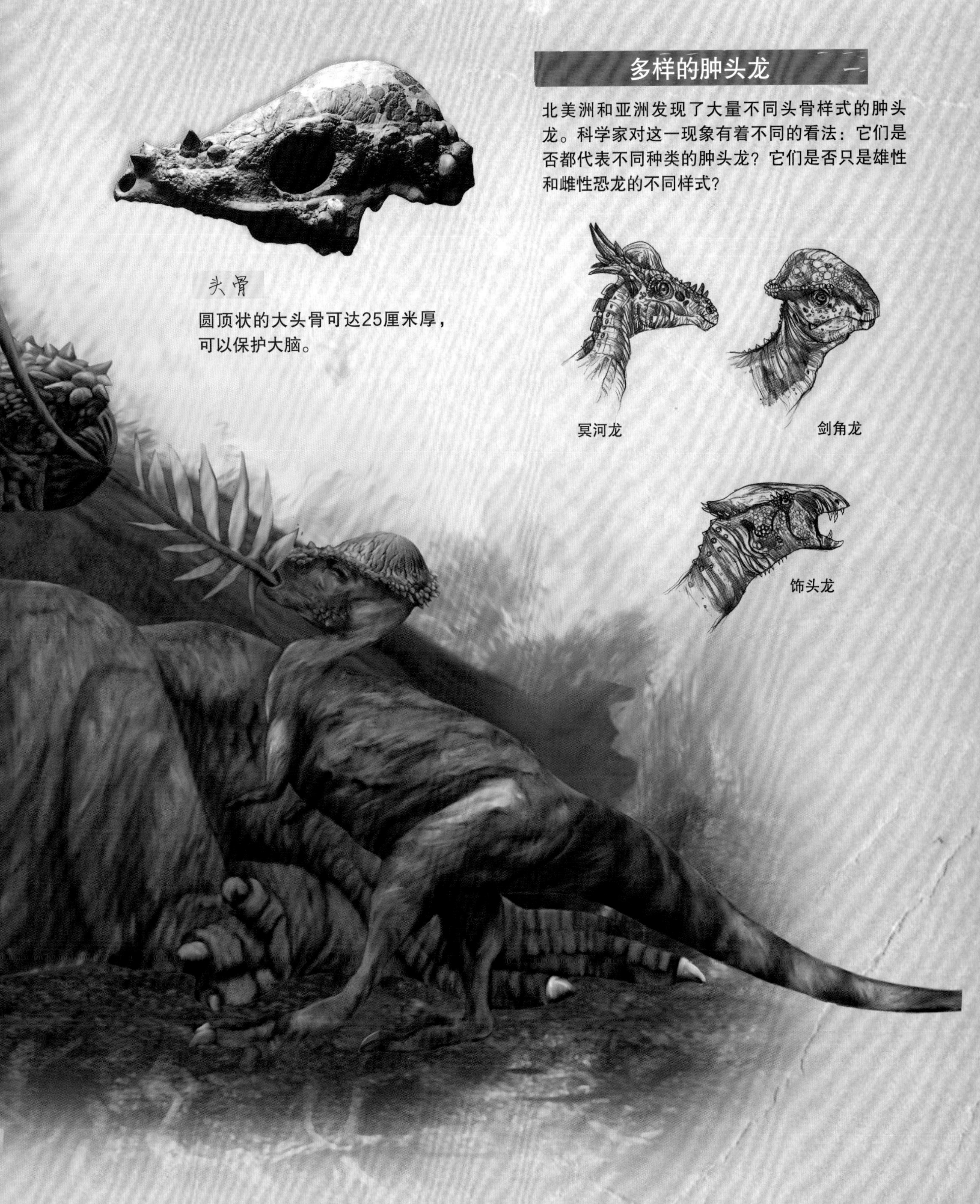

头骨

圆顶状的大头骨可达25厘米厚，可以保护大脑。

多样的肿头龙

北美洲和亚洲发现了大量不同头骨样式的肿头龙。科学家对这一现象有着不同的看法：它们是否都代表不同种类的肿头龙？它们是否只是雄性和雌性恐龙的不同样式？

肿头龙

头骨与脊椎和颈部以强劲的肌肉和肌腱相连，由此增加的力量对肿头龙一定非常重要，但科学家尚不明白它的实际作用。

臀部

臀部宽大，有些科学家据此相信，肿头龙之间是以侧面相撞击的。

腿

腿骨的结构显示它能够跑得很快，也可以就此冲撞对手。

长长的脊椎骨

在很长一段时间内，人们认为肿头龙是直立行走的，这样头部撞击带来的震动可以沿着整条脊椎被吸收掉。如今我们知道，它们的脖子是“U”形的，因此这一理论似乎并不正确。

鸟类的演化 飞翔的恐龙

化石可以告诉我们演化的过程。化石证据表明鸟类是由小型有羽毛的兽脚类动物（如伶盗龙）发展而来的。

英国博物学家托马斯·赫胥黎认识到，兽脚类恐龙美颌龙和已知最早的鸟类——始祖鸟有着相同的后腿形状。鸟类由恐龙演化而来这一理论就此产生。

后来，古生物学家约翰·奥斯特罗姆发现了兽脚类的恐爪龙化石，再一次引爆了对于恐龙和鸟类之间关系的研究——因为他发现，恐爪龙和始祖鸟在部分身体结构上特别相似。

近年来，更多的证据浮出水面，支持鸟类和恐龙之间的相关性。在中国，古生物学家找到了数千个兽脚类恐龙化石，包含尾羽龙和小盗龙，同时发现了不同样式的羽毛。在蒙古，发现了正在孵蛋的窃蛋龙骨骼化石。在阿根廷巴塔哥尼亚的地层中，发现了迄今为止最像鸟类的恐龙骨骼，它是半鸟龙。化石显示，这一兽脚类恐龙的前肢演化得相当发达，就像鸟的翅膀一样。半鸟龙的身体结构也显示，它的发育程度正处在兽脚类恐龙（如恐爪龙）和鸟类祖先（如始祖鸟）之间。

孔子鸟

最早的鸟，像鸽子般大小。

活跃的猎手

在大眼睛和大脑袋的帮助下，像鸟的兽脚类恐龙能够判断猎物的移动和距离。

迈开大步

股骨（大腿骨）适应奔跑。

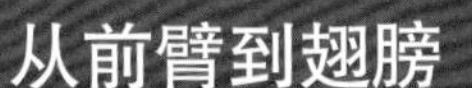

从前臂到翅膀

长臂和羽毛，辅以用力拍打的能力，促成了翅膀的形成。

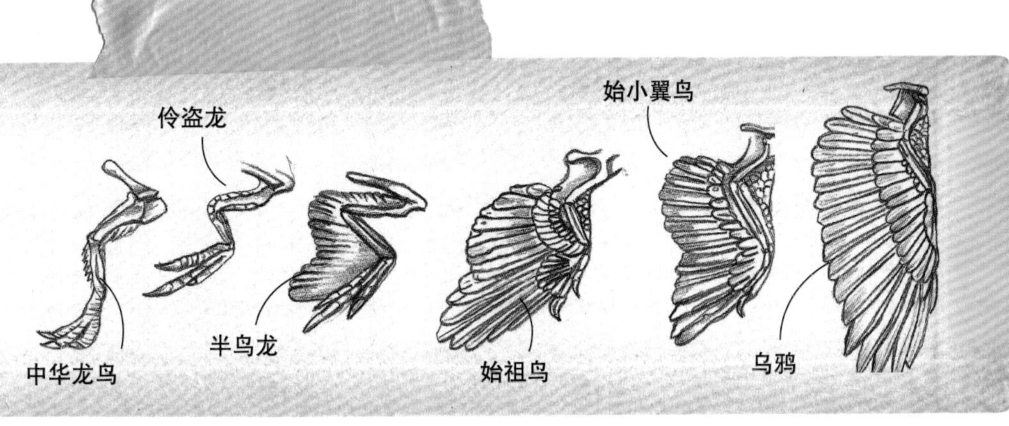

半鸟龙

半鸟龙可以扇动有羽毛的前肢，但没有飞翔能力。

牙齿

半鸟龙的细小牙齿有助于撕扯食物，但无法完成咀嚼。

骨骼

半鸟龙的长臂显示，它是远古鸟类翅膀演化中的一个环节。脚的第二趾上有镰刀状的大爪，用来狩猎和对抗。

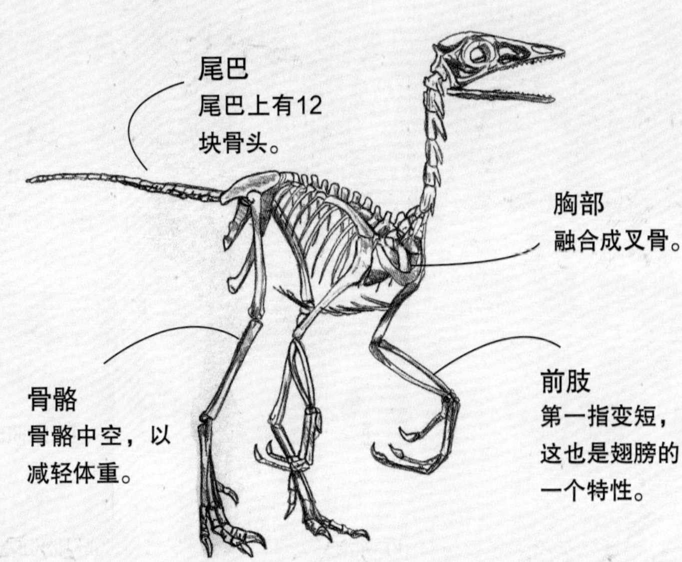

尾羽龙 不能用来飞行的羽毛

尾羽龙有着小小的、翅膀样的前肢，指上有爪。尾巴上有羽毛，用以平衡身体，也用来识别同类中的彼此。

手盗龙类是最接近鸟类的兽脚类恐龙。主要成员有恐爪龙，其他最重要的成员还有尾羽龙等。

尾羽龙的大小和今天的火鸡差不多，主要以肉为食，但部分也有杂食行为，吃小型无脊椎动物和植物。它们的头又小又长，配了一双大眼睛。口鼻部短，有角质喙，末端有几颗小牙齿突出。一些标本中发现了胃石，说明尾羽龙也会吃植物种子。

这一兽脚类恐龙化石显示，它的身体覆盖着短绒毛用来控制体温。前肢上的羽毛更长，但它的小翅膀还不能够飞行。虽然不能用来飞，但当尾羽龙撒开双腿奔跑，特别是急转弯的时候，翅膀状的前肢和尾巴尖上的羽毛可以帮助它保持身体平衡。

体长：约1米
体重：约3千克
食性：杂食

分类：
蜥臀目，兽脚类，
手盗龙类，尾羽龙

跑得快

一双大长腿如美洲鸵鸟，显示尾羽龙可以跑得很快。

机动性

细细的、弹性十足的脖子帮助尾羽龙摄取食物。

尖利的嘴

又尖又窄的喙帮助它在丛林间捕捉小型无脊椎动物。

发现地

手盗龙类的化石在全世界都有发现，恐爪龙化石发现于美国，而半鸟龙化石发现于阿根廷。

尾羽龙化石在中国辽宁发现，同时发现的还有其他带羽毛的恐龙化石。

尾羽龙

手盗龙类的恐龙通常前肢三指，指端有弯曲的尖爪。平时，这些兽脚类恐龙的前肢弯成“之”字形。当需要伸展臂长的时候，它的肌肉组织和关节的结构可以自动弹开，帮助它将前肢伸长。

手盗龙类恐龙包括尾羽龙、镰刀龙和阿瓦拉慈龙等，后者有一双小前肢，捕食昆虫。

恐爪龙属是手盗龙中的主要成员，恐爪龙名字意思是“恐怖的爪子”，这来自其脚上第二趾的镰刀状大爪。恐爪龙的食物各式各样，取决于自身的个子大小：小盗龙猎食小型哺乳动物，伶盗龙猎食稍大的植食恐龙如原角龙，南方盗龙猎食泰坦巨龙，后者就像今天的犀牛一样大。

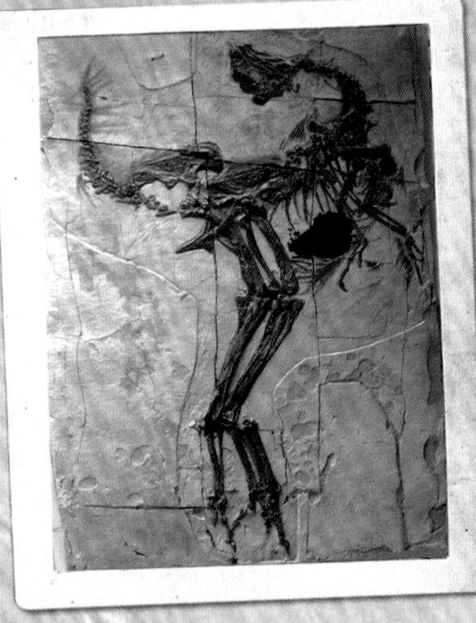

尾羽龙骨架

来自中国辽宁省的尾羽龙骨架保存完好，距今已有1.25亿年。在发现尾羽龙化石的地层中，还同时发现了其他带羽毛的恐龙化石，如帝龙和中华龙鸟。

长得像鸟

手盗龙类恐龙包括了大批长得像鸟一样的兽脚类恐龙，它们食性多样，前肢的发育分属不同的演化时期。

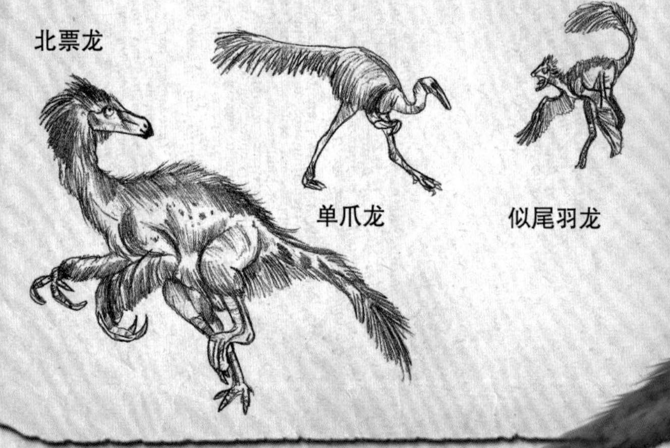

系统树

炫耀

尾羽龙会炫耀其彩色羽毛，加上冗长的舞蹈动作，以获得异性的青睐。

切齿龙

这是尾羽龙的亲戚，其口鼻部前端有大牙齿，就像老鼠一样。头骨有约10厘米长。

尾羽龙

脖子
脖子由大量颈椎骨组成，因而更具灵活性。
骨架
骨架轻巧，能够快速移动。
后肢
又长又细，有猎食者追赶时可以逃得更快。

头骨
小而高，大眼睛，薄薄的粗糙的口鼻部长着角质喙。
带羽毛的尾巴
皮肤化石的印迹显示，羽毛在尾端呈扇形排列。

森根堡自然历史博物馆

地点：法兰克福（德国）
成立时间：1817年
网址：
museumfrankfurt.senckenberg.de

历史

1763年，德国自然科学家约翰·森根堡成立了一个基金会，以支持有关自然科学的研究。不久，基于自然历史资源的收藏，一个法兰克福市民组织请求森根堡基金会许可创建森根堡自然研究协会。自2009年起，博物馆又接纳了森根堡研究所、德累斯顿自然史收藏协会以及格尔利茨自然历史博物馆作为其组成部分。

建筑

森根堡自然历史博物馆现在的建筑建于1904年至1907年，位于远离法兰克福市中心的区域，与歌德大学为邻，是建筑学家路德维希·内尔的杰作。近年来，另一位德国建筑学家彼得·库尔卡对建筑进行了翻修。

在增加了更多恐龙藏品后，位于法兰克福的森根堡自然历史博物馆已经成为欧洲和世界主要的自然历史类博物馆之一。

恐龙无止境

博物馆的常设恐龙展览中，化石标本涵盖各个时期，从三叠纪到侏罗纪，再到白垩纪。建筑物的入口处是泰坦巨龙，引领游客进入充满化石的大厅。副栉龙、鹦鹉嘴龙、窃蛋龙和风神翼龙是展览的一部分。除此之外，还有霸王龙、禽龙和三角龙的复原模型，后者也是博物馆的代表性展品，同时展出的还有它们的两具头骨。

露西

博物馆的常设展览还包括哺乳动物、昆虫、鸟类标本等，另有一个有关人类演化的展览，展出了“人类祖母”露西的复制品，“露西”是在埃塞俄比亚发现的著名的阿法南方古猿化石标本，其生活的年代在320万年前。

梁龙

恐龙大厅中最引人注目的是一具大型梁龙骨架，这是来自美国自然历史博物馆的礼物。1907年，在森根堡自然历史博物馆的开馆典礼上，这件纽约送来的礼物正式亮相。

第四章

恐龙的告别式
一个时代的终结

中生代期间，伴随着恐龙生活的，还有一大批爬行动物，其中相当一部分体形巨大。但是，在大约6600万年前，连同恐龙在内，大批脊椎动物突然之间就消失了。究竟是什么原因导致了这一大规模的灭绝，至今仍然充满了争议。

海洋深处

中生代时期，恐龙统治着整个陆地，而在海洋里，恐龙的爬行动物远亲也统治着广大的水域。

大量动物栖息在海洋里。超级大陆——泛大陆包围着泛大洋，泛大洋中活跃着大量无脊椎动物，包括水母、珊瑚、菊石、牡蛎、海胆、海百合以及龙虾等。与这些无脊椎动物共同生活在海洋里的，还有不同种类的鱼和爬行动物，如鱼龙（模样像海豚）、蛇颈龙、沧龙以及各种鳄鱼。这些爬行动物不断演化，成就了中生代“海洋革命”的灿烂组成部分。这一过程起始于大约1.5亿年前，极大地繁荣了动物世界的物种。

尽管那些爬行动物起源于陆地，但此时它们已经完全适应了水下生活，这得归功于它们身体结构的变化。在水中，这些爬行动物移动灵巧，呼吸顺畅。蛇颈龙就是一个典型的代表，它们演化出了桨状的四肢，这样可以游动得更快。

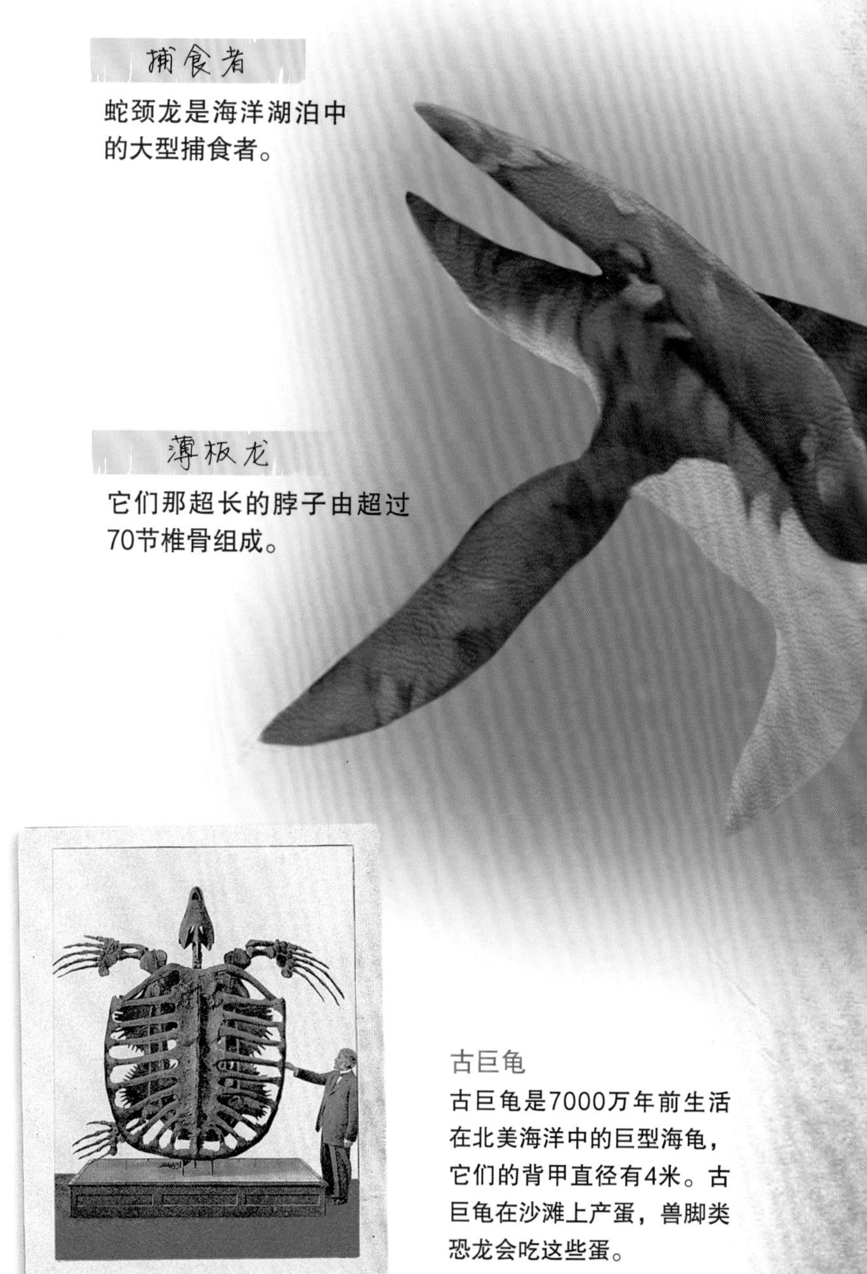

捕食者

蛇颈龙是海洋湖泊中的大型捕食者。

薄板龙

它们那超长的脖子由超过70节椎骨组成。

古巨龟

古巨龟是7000万年前生活在北美海洋中的巨型海龟，它们的背甲直径有4米。古巨龟在沙滩上产蛋，兽脚类恐龙会吃这些蛋。

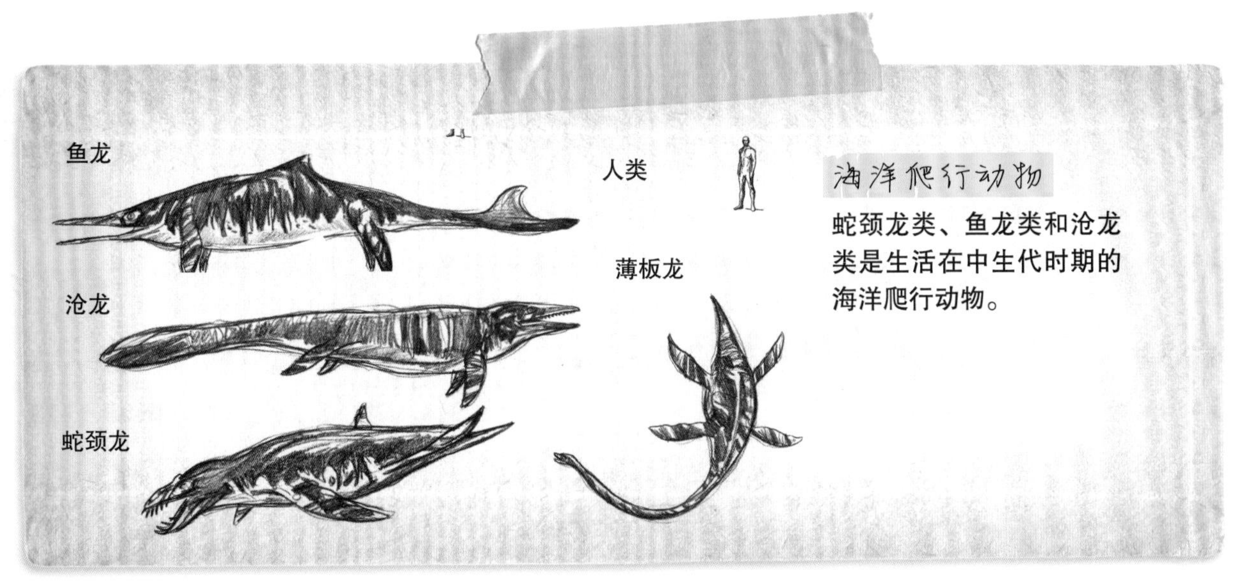

海洋爬行动物

蛇颈龙类、鱼龙类和沧龙类是生活在中生代时期的海洋爬行动物。

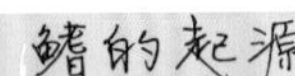

鳍的起源

蛇颈龙属于鳍龙类（意为蜥蜴的鳍状肢）。早期的鳍龙还没有形成鳍状肢，它的指爪被薄薄的皮肤层连接着，能够在水中划动。

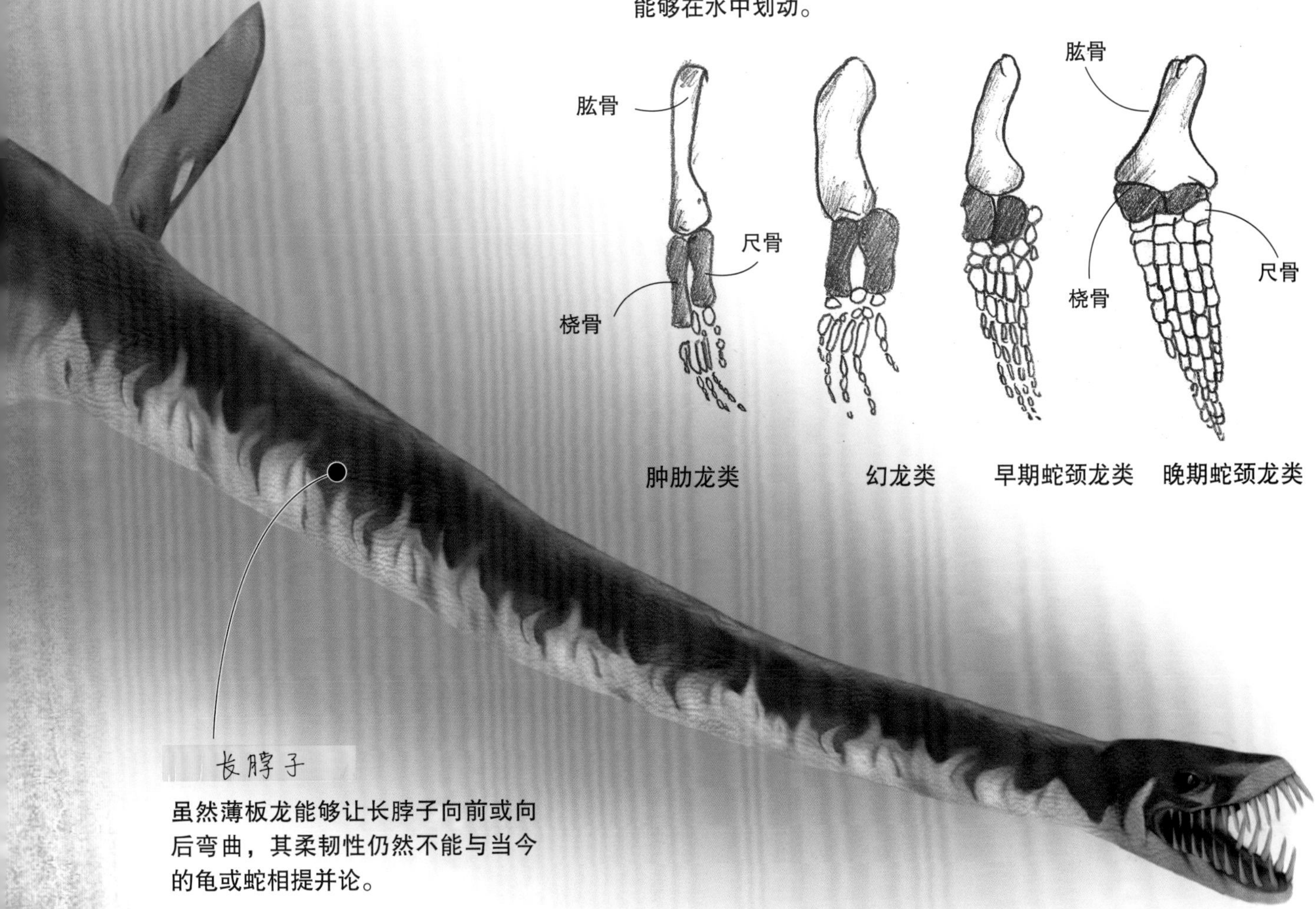

肱骨
尺骨
桡骨
肿肋龙类　幻龙类　早期蛇颈龙类　晚期蛇颈龙类

长脖子

虽然薄板龙能够让长脖子向前或向后弯曲，其柔韧性仍然不能与当今的龟或蛇相提并论。

滑齿龙　侏罗纪王者

针一样的牙齿和强大的颌骨，让滑齿龙成为侏罗纪时期的顶级海洋捕食动物之一。

基于滑齿龙超大的体形和特殊的身体构造，这类巨型蛇颈龙成为了最迷人的海洋爬行动物之一。滑齿龙属于蛇颈龙目里的短颈部的上龙类，生活在侏罗纪时期的欧洲海洋中。它们有着巨大的头部、强健的体格，以及在水下灵活移动的四个鳍状肢。

这类巨型爬行动物的第一个标本是一件发现于法国北部的牙齿化石，由法国古生物学家亨利·绍瓦热在1873年描述。他注意到，这枚牙齿的两面并不对称，其中一面带有突起和纹路，而另一面光滑平坦。基于这一特征，以及其他牙齿的发现，绍瓦热把这一动物命名为滑齿龙（侧面平滑的牙齿）。从此以后，更多的滑齿龙化石陆续被发掘出来，包括残酷滑齿龙的部分骨骼以及另外两个种——短颈滑齿龙和俄罗斯滑齿龙。

从陆地到海洋

滑齿龙的祖先是陆地爬行动物。随着逐渐适应水生环境，它们的四肢开始演化，终于变成桨状。

体长：6～10.5米
体重：约5000千克
食性：肉食

分类：
蛇颈龙目，上龙类，
上龙科，滑齿龙

致命结构

三角形头骨，配以深根的尖牙，让滑齿龙能够撕扯猎物。

发现地

残酷滑齿龙化石发现于法国、德国和英国。上龙发现于英国。俄罗斯滑齿龙发现于俄罗斯。

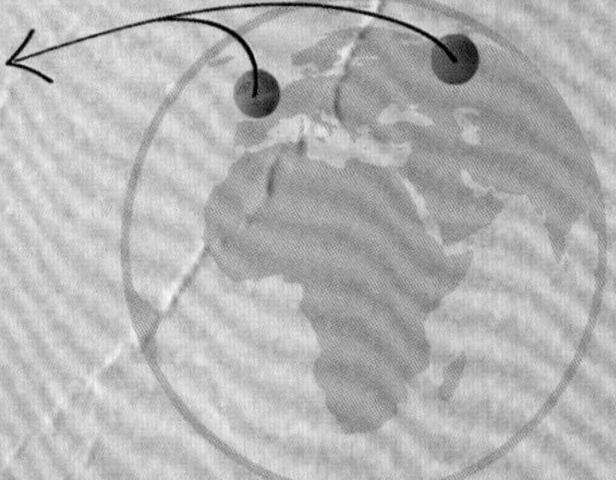

滑齿龙

滑齿龙的尺寸只是一个估计数字，并没有化石证据，因为所有被发现的滑齿龙骨骼都是零星的。迄今为止找到的最大的头骨大概有1.5米长，因此其体长被估计到了6米到10.5米之间。这一估计数字也与留在滑齿龙猎物骨骼上的咬印相匹配。

2002年，在墨西哥的阿兰伯利附近，一具大型化石骨骼现身，当即被媒体冠以阿兰伯利怪兽的名号。该化石看着像上龙，因此当时被认为是一条滑齿龙的化石，当然，如今科学家的看法已经不同了。事实上，这具化石的尺寸经过媒体的不断报道后显然被夸大了。在上龙这一类别中，出土于挪威斯瓦尔巴群岛的化石是其中的佼佼者，2007年发现的化石获得了“怪兽”的称号，而2009年报道的一具滑齿龙化石获得了“掠食者X”的称号。人们认为，这些家伙很有可能达到15米的体长。

繁殖

滑齿龙非常可能每次只生一胎，这样妈妈就能全力照顾巨大的宝宝。

第一批发现

第一批滑齿龙化石标本发现于法国和英国的砖坑中，包括著名的牛津黏土矿场，那里位于彼得伯勒附近，该地区出土了相当多来自侏罗纪中期的化石标本。

系统树

出乎意料

滑齿龙张嘴撕咬的时候，有5～7对长且锋利的牙齿作为先锋，配以上下颌更多的牙齿武装，像极了我们今天看到的虎鲸。因此，滑齿龙可能有着类似的捕食习惯，比如合作捕猎或者令人吃惊的浅滩攻击。

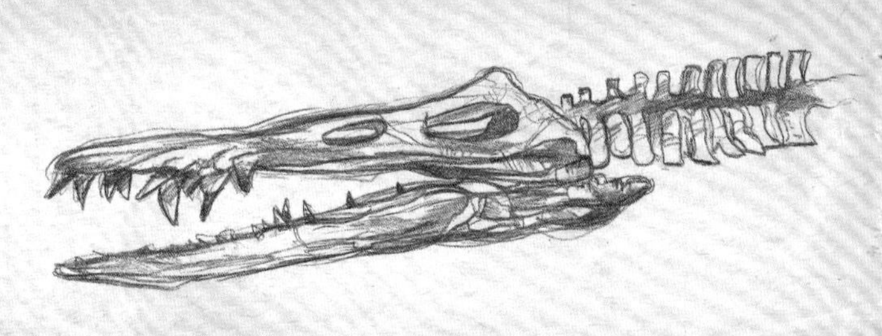

攻击

通过四肢的瞬时快速划水，滑齿龙可以高速追击和捕杀猎物。

桨式划水

滑齿龙拥有又长又宽的强力桨状四肢。当上龙在水中自由穿行的时候，滑齿龙采用前肢和后肢交替划水的方式来移动。

豪夫博物馆

地点：霍尔茨马登（德国）
成立时间：1936年
网址：www.urweltmuseum.de

历史

在数十年的时间里，德国古生物学家伯恩哈德·豪夫在霍尔茨马登地区收集到了大量侏罗纪的化石标本，着实令人赞叹。1936年，他决定和儿子一起创建一个博物馆来展示这些藏品，并在1967年搬迁到了新的建筑中。经过家族几代人的运营，1993年，博物馆得到了扩建，展示面积增加到了1000平方米，成为德国最大的私人博物馆。

恐龙公园

在博物馆的室外区有一个恐龙公园，实物大小的梁龙、剑龙、禽龙、恐爪龙、板龙和异特龙散布其间，观众据此可以对1.8亿年前的侏罗纪居民的模样有一个了解。

这座博物馆为游客提供了一个令人惊叹的视角，一窥侏罗纪迷人的海洋世界。

妈妈和宝宝

博物馆展示了一件几乎完整的雌性鱼龙化石及其腹中的胚胎。这是这家德国博物馆最珍贵和最特别的馆藏之一。

侏罗纪化石

霍尔茨马登、奥姆登以及它们的周边地区有着丰富的、令人惊讶的侏罗纪海产化石，这是因为在1.8亿年前，德国南部的这一地区位于特提斯海的边缘地带，是海床上的浅滩。豪夫家族同时收集了不少当年的环境物质，这样博物馆就能展示一个奇妙的海洋世界，来自侏罗纪的鱼龙、蛇颈龙、翼龙、菊石、箭石都在其中。

海百合

由于保护出色，豪夫博物馆的大量化石尤其引人注目。在中央百合展室，展出了世界上最大的海百合聚落化石。

飞翔的蜥蜴

翼龙是最早具备飞行能力的脊椎动物，活跃在广阔的海洋和大陆之上。不过，虽然翼龙形式多样且适应多种不同的环境，它们仍然灭绝了，且没有留下任何后代。

翼龙目名字的意思就是有翅膀的蜥蜴。它们生存于中生代，从约2.25亿年前直到6600万年前的白垩纪末期。翼龙是能够飞翔的爬行动物，它们的前肢演化成了双翼，第四指特别长，支撑着翼膜和身体的连接。

翼龙的祖先目前还不能确定。有人把它们和树栖的远古蜥蜴联系在一起，因为这些蜥蜴身上有皱褶的皮肤。翼龙身上也有皱褶的皮肤，这些远古蜥蜴或许可以进行短距离的滑翔。

1767年，第一个翼龙化石在德国被发现。此后，有关这些动物的习性产生了许多不同的讨论，有人甚至提出它们可能具有游泳能力。不过到了今天，我们已经了解，它们是非凡的飞行者。

翼龙、鸟类和蝙蝠，是脊椎动物中仅有的具有飞行能力的成员，它们的胸骨上附着有强健的飞行肌肉。那些生活在开阔空间中的种类，可以利用细长的翅膀来实现滑翔；而那些生活在林木繁茂或岩石区的种类，翅膀又宽又短，可以更灵活地移动。

桑塔纳组

在晚白垩世的巴西，不同种类的翼龙共同生活在潟湖岸边。许多翼龙化石在被称为桑塔纳组的地层中发现（桑塔纳是附近村落的名字）。

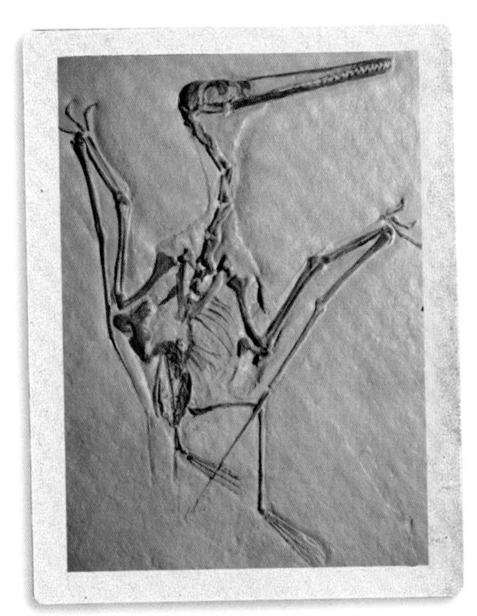

脆弱易碎

翼龙的骨骼轻巧而中空，使得它们很难被石化后保存下来。早期，由于标本太少，有关这些动物的细节知识也很缺乏。如今，科学家拥有了越来越多完好的化石用于研究，我们对翼龙的了解也越来越多。

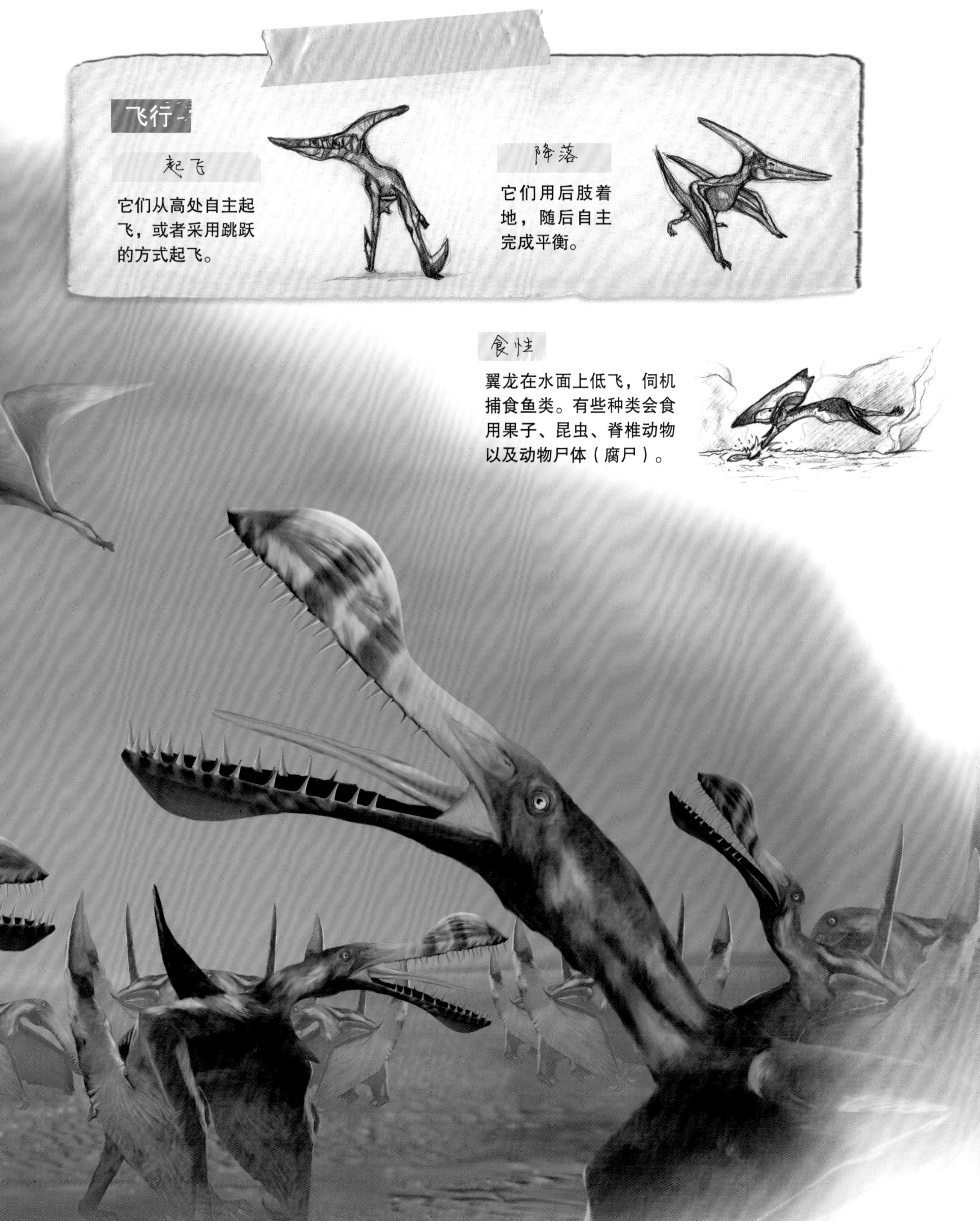

飞行

起飞

它们从高处自主起飞，或者采用跳跃的方式起飞。

降落

它们用后肢着地，随后自主完成平衡。

食性

翼龙在水面上低飞，伺机捕食鱼类。有些种类会食用果子、昆虫、脊椎动物以及动物尸体（腐尸）。

无齿翼龙 水面豪杰

无齿翼龙是一类飞翔的爬行动物。它们有翅膀，但嘴巴里没有牙齿，是名副其实的“无齿”和“有翼”。

无齿翼龙生存于白垩纪末期的北美洲，雄性翼展可达6米。无齿翼龙非常适应飞行生活，它们在掠过水面的时候，可以伺机捕捉鱼儿。这种飞翔的爬行动物很可能群居生活，在岩石岛上栖息和筑巢。

与其远古亲戚、侏罗纪的喙嘴龙不同，无齿翼龙没有任何牙齿，但其头上有一个明显的冠饰。冠饰让无齿翼龙更容易识别彼此，并吸引异性。成年雄性的冠饰向后越过头顶，而成年雌性的冠饰就要逊色多了。同时，雌性的身体也比雄性的要小，它们的翼展仅在3米左右。

虽然有着共同的祖先，但无齿翼龙既不是恐龙也不是鸟类。无齿翼龙身上的“翼”是一层膜（一层薄薄的皮肤），由超长的第四指支撑，而鸟类既没有翼膜，也没有第四指。

无齿翼龙最远古的祖先是喙嘴龙，出现在侏罗纪。喙嘴龙有突出的喙、尖利的牙齿，以及一条长尾巴，尾巴的末端是菱形的皮膜，方便划水。无齿翼龙的其他祖先还有出现在侏罗纪的翼手龙（名字的意思是有翼的手指）。喙嘴龙没有坚持到白垩纪就消失了，但是翼手龙成为了中生代天空的王者。与喙嘴龙相比，翼手龙的尾巴更短，头更大，还有修长灵活的脖子。

分类：
翼龙目，翼手龙类，无齿翼龙科，无齿翼龙

姿态

在陆地上，无齿翼龙以四足行走。它折叠起两边的翅膀，这样走路时4根指头就可以向上而不用敲击地面。

无齿翼龙脑袋上最独特的就是冠饰。冠饰是骨质生长物，样子随年纪、性别和种类而变化。研究表明，冠饰很可能是多彩的，且通过皮肤皱褶和颈部相连。

发现地

无齿翼龙仅发现于北美洲的中央地区。

在亚洲发现的翼龙属于神龙翼龙科成员，包括来自中国的浙江翼龙和来自乌兹别克斯坦的神龙翼龙。

无齿翼龙为飞翔而生，在陆地上相当笨拙。虽然它能够以四足行走，但后肢实在又小又弱，因此并没有奔跑能力。

风神翼龙 没有羽毛的披羽蛇神

1975年在美国得克萨斯州发现，其名字来源于阿兹特克文明里的披羽蛇神奎兹特克。它们是地球天空中出现过的最大的动物。

在发现风神翼龙化石的初期，人们推测其翼展达到18米，体重在200千克以上。但是，最近的研究把数据修正到了11.5米翼展和130千克体重。由于风神翼龙的骨头中空，导致其骨架相当脆弱，于是有了一个非常特别的画像：2米的大长腿，配着细长的脖子，一个大脑袋上装饰着头冠。它们的头冠和无齿翼龙一样可以用来辨别雌雄；它们那尖利的嘴巴里也和无齿翼龙类似，没有牙齿。

风神翼龙有两个大眼睛，视野极好。和其他飞翔的爬行动物一样，它们身上没有羽毛，仅有短绒毛覆盖。由皮膜组成的翅膀在整个身体延展，从腿部上方一直到四根指头。翼膜在肘部特别发达，厚度可达23厘米。

目前为止，仅有的一具风神翼龙的化石发现于美国得克萨斯州的大弯国家公园。该地区在白垩纪时期离最近的海洋有400千米的距离，而且附近也没有其他水源。据此推测，风神翼龙的食物不会是鱼。

分类：
翼龙目，翼手龙类，神龙翼龙科，风神翼龙

体长：约11.5米
体重：约130千克
食性：肉食

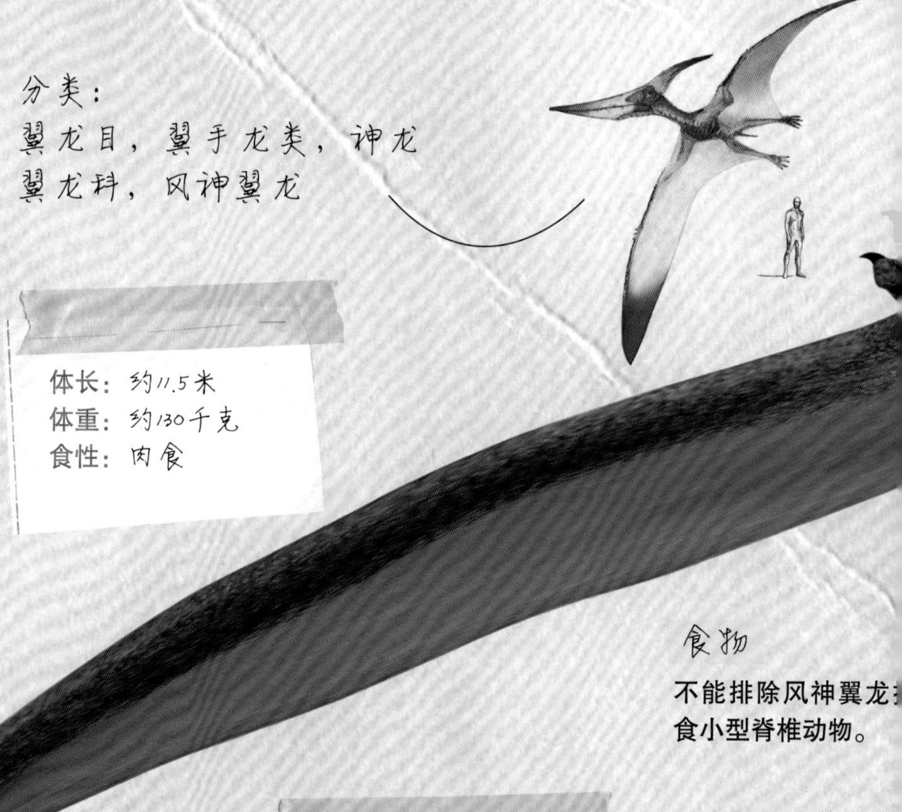

食物

不能排除风神翼龙
食小型脊椎动物。

横贯大陆

一些研究者认为，在得克萨斯州发现的诺氏风神翼龙和在欧洲大陆发现的哈特兹哥翼龙是同一种。该理论的支持者还指出，这种翼龙有强大的飞行能力，可以实现远距离飞行。

差异

风神翼龙的颈部、喙以及颌的结构与同时期捕食鱼类的其他飞行动物不同，因而不排除它可能是食腐动物。

没有牙齿

没有牙齿，长长的尖下巴帮助进食。

发现地

这一物种仅发现于美国得克萨斯州。

飞行

1 准备

身体力量聚集在肘部以及后肢上，为起飞做准备。

2 弯曲

弯曲膝盖，挺直腰身。

3 跳跃

拉伸后腿以获得足够的力量。

4 起飞

奋力跃起，张开翅膀起飞。

谁杀死了恐龙?

恐龙在侏罗纪时期统治了整个世界，一度发展出了超大体形。到了白垩纪时期，恐龙到处扩张自己的地盘，却在白垩纪末期神秘地消失。

2.51亿年前，在古生代末期下孔亚纲动物大量灭绝之后，中生代登上了历史的舞台。在整个中生代时期，最多样、最普遍、最大型的就是爬行动物。包括海洋爬行动物（如鱼龙），陆地爬行动物（如恐龙），以及空中爬行动物（如翼龙）。

如同其出现是由一场大灭绝引起的一样，中生代的结束也伴随着一场大灭绝。6600万年前，白垩纪末期一次大灭绝，几乎彻底消灭了地球上的超大型动物。

关于这次大灭绝的原因，有许多不同的理论，其中最为流行的是：当时地球受到一个巨大小行星撞击。虽然没有确切的证据，但有一点是肯定的，即一次灾难性事件导致海陆空的大量物种消失，爬行动物的黄金时代也就此结束。

致命因素

人们相信当时的地球遭到了一次巨大的陨石撞击，撞击产生了遮天蔽日的尘土，引起地球气候的异常变化。另有一种说法是火山爆发产生了大量气体和灰尘，这些尘埃长时间停留在地球上空，引起了温室效应，进而阻止了地球接收阳光，并由此导致动植物的死亡。

希克苏鲁伯陨石坑

墨西哥的尤卡坦半岛有一个巨大的陨石坑，是由白垩纪末期一块直径约10千米的陨石撞击地球产生的。科学家相信，这一撞击可能导致了恐龙的灭绝。

铱层

在白垩纪末期的岩石层中，发现了浓度特别高的化学元素铱，这也支持了小行星撞击地球的理论。

昆虫化石

许多动物包括昆虫，在毁灭中幸存下来。

更新世的巨型动物

在新生代的中期和末期，体重达到数百千克的大型动物获得了大发展，它们被称作“巨型动物”。这些巨无霸也在5万年前突然消失了，似乎也没有什么令人信服的理由。

更新世，第四纪早期的一段时间，大约开始于250万年前。在这段时间里，冰期和间冰期交替出现，催生了既寒冷又干燥的气候环境。大型动物在这一背景下发展出来了。

比如今的大象更大的猛犸象和乳齿象出现了，有着3.5米长鹿角的巨鹿也出现了，还有披毛犀、洞熊，等等。这些动物之所以发展出如此巨大的体形，可能就是为了储存大量脂肪来抵抗热能的流失，以便在寒冷的环境中更好地生存。

在这一时期，南美洲和大洋洲与其他大陆分离，其中的动物也以各自不同的方式演化。比如在澳大利亚，袋鼠演化出了大个子。但有些动物仅在南美洲获得了繁荣，比如异关节总目的犰狳、树懒、食蚁兽等。其他南美洲的大型动物还有大地懒、舌懒兽、掠齿懒等。

体形

最大的猛犸象有4米高，体重可达9吨，一些雄性可能还要大一些。

猛犸象

它与现代大象有亲缘关系。

多样性

我们可以在如今的一些动物中发现它们巨型祖先的影子，比如雕齿兽；也有一些没有留下任何后代，比如长颈驼。

雕齿兽

长颈驼

刃齿虎 史前猫科巨兽

刃齿虎拥有锥形的大犬齿，这也是它名字的来历，即“刀一般的牙齿”。它的体形非常适合捕食大型猎物。

刃齿虎生活在更新世的美洲，从北美洲到南美洲共发现了三个种。在身材上，刃齿虎很像如今的非洲狮，只是它们的身体更加壮实。它们的尾巴只有几厘米长，酷似猞猁的尾巴。刃齿虎的牙齿适合食肉，颧骨宽大且拥有强大的咬合肌。犬齿又长又扁，其长度可达15厘米，后缘呈锯齿状。

刃齿虎可以把嘴巴张得很大，并伸出长长的犬齿来撕扯猎物的皮肤和肌肉。它们颈部和肩部的肌肉也很发达，在制服猎物的时候能用上力。这就是说，刃齿虎可以杀死并吃掉比自己大得多的猎物。

它们的猎物中有不少大型动物，包括大地懒、野牛、马、鹿以及乳齿象和猛犸象的幼崽。

发现者

在彼得·伦德根据一般刃齿虎建立了刃齿虎属27年之后，1869年，美国古生物学家约瑟夫·莱迪描述了一个新种：致命刃齿虎。

体长：约2米
体重：约400千克
食性：肉食

分类：
食肉目，猫科，剑齿虎类，刃齿虎

发现地

一般刃齿虎生活在南美洲，化石标本发现于巴西、阿根廷、委内瑞拉、厄瓜多尔、玻利维亚、智利和乌拉圭。致命刃齿虎主要生活在北美洲，而纤细刃齿虎则发现于美国西南部。

巨大的犬齿

不同于当今的猫科动物，刃齿虎巨大的犬齿是弯曲且呈椭圆形的。

前肢

刃齿虎拥有强壮的前肢，配以大型可伸缩的指爪，据此可以击伤或者限制猎物的移动。

恐狼 骨头粉碎机

第一个犬齿动物出现在4000万年前的北美大陆，后向欧亚大陆发散，逐渐在种类和体形上呈现出多样性，肉食和杂食的种类均有。而恐狼，一种史前狼，是其中最为凶猛的动物之一。

大约4000万年前，犬齿动物在北美首次出现，黄昏犬是其中最古老的物种之一，约有20厘米高，推测它们呈小规模群居生活。之后，“骨头粉碎机”登场，其中上犬这样的种类逐渐演化出如狮子大小的体形。细犬是第一个犬齿动物的亲缘种，它的后裔真犬，成为了犬属的首批成员，如今的狼和狗也在其中。恐狼在200万年前浮现身影，它的样子很像现在的灰狼，只是体形更大，四条腿更短，但也更有力。

分类：
食肉目，犬科，恐狼

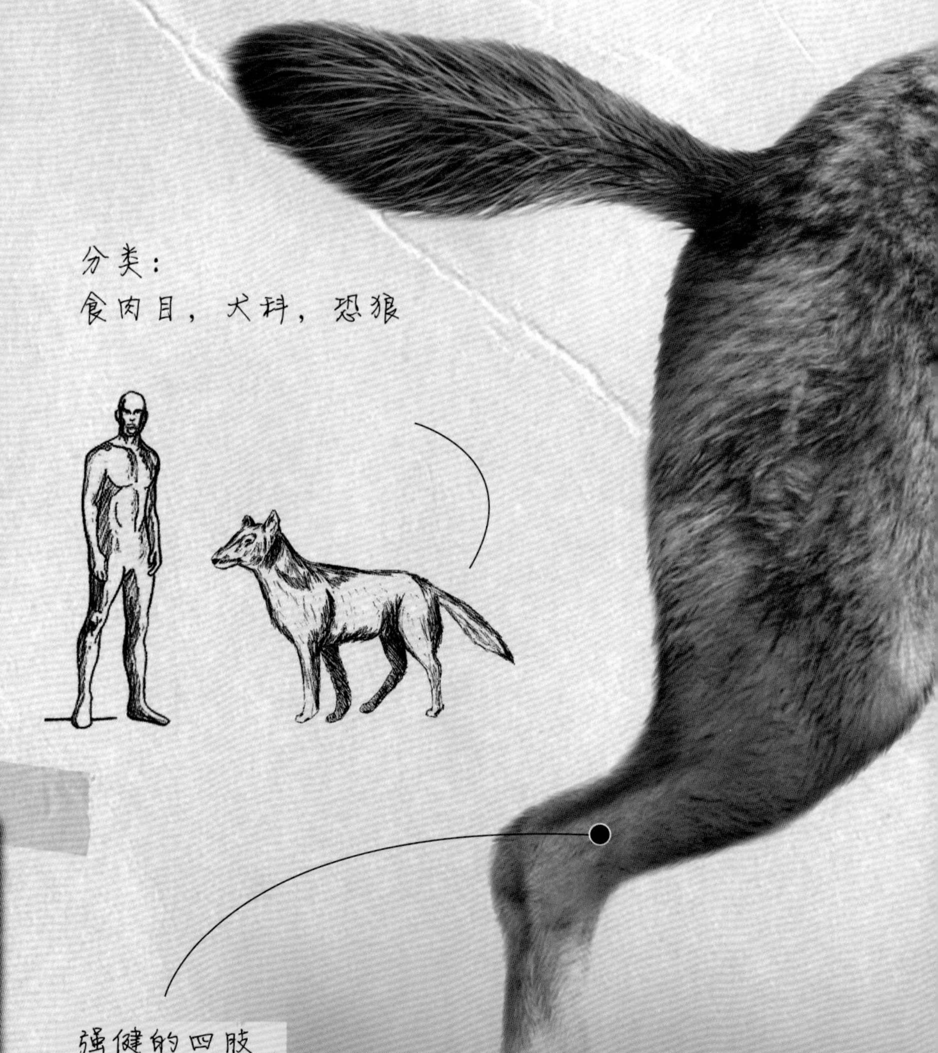

这个大家伙

上犬是一种凶猛的肉食动物，约1米高，70千克重，生活在中新世的北美平原。

强健的四肢

史前狼的后肢比其他犬科动物的更短，也更强健。科学家相信它跑起来并不是很快，它的四肢和今天的鬣狗很像。

强有力的牙齿

恐狼的口鼻部很长，强劲的上下颌布满了厚实有力的牙齿，可以咬碎猎物的骨头。

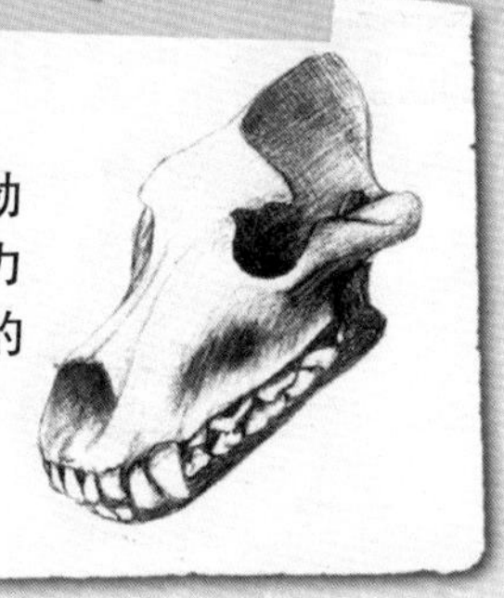

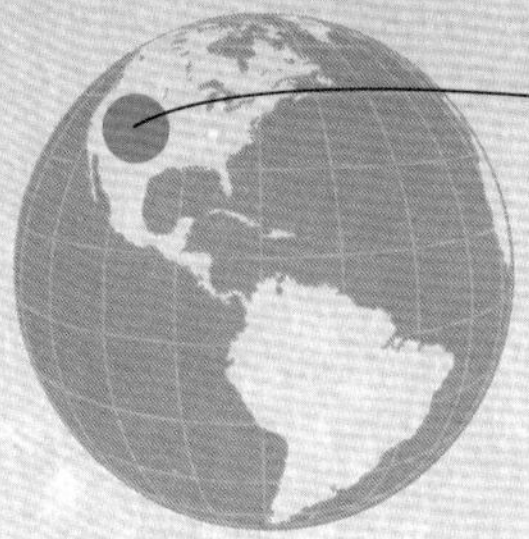

发现地

恐狼发源于北美洲的大草原，随后在整个大陆发展。最大的骨骼标本发现于美国加利福尼亚州洛杉矶的拉布雷亚。

长度：约1.5米
体重：60～68千克
食性：肉食

优秀猎食者

它有能力捕食体重在100～300千克的动物，当然小型动物也在它的食谱中。

机会主义者

研究表明这种史前狼会猎捕受伤或生病的动物，对腐肉也来者不拒。

巨型短面熊 急速狂奔

巨型短面熊是更新世最可怕的猎食者之一。作为肉食动物，它们的身高竟然达到了4米；而在追击猎物时，速度可以超过50千米/时。

熊的远古祖先可以上溯到2500万年前，但直到大约250万年前，现代熊的直系祖先才露面。虽然有些种类长得只有今天的一只狗那么大，但还有一些种类的体形大得超乎想象。巨型短面熊就是其中之一，这些大家伙的肩高可达1.5米。巨型短面熊应该是通过白令海峡到达北美洲的，因为当时北美洲和亚洲还连在一起没有分开。巨型短面熊的食物相当广泛，几乎找到什么吃什么。

大约在12 000年前，巨型短面熊和其他众多大型哺乳动物一起灭绝了，其栖息地被后来的棕熊占据。

四肢修长

大长腿让巨型短面熊比如今的棕熊跑得更快。

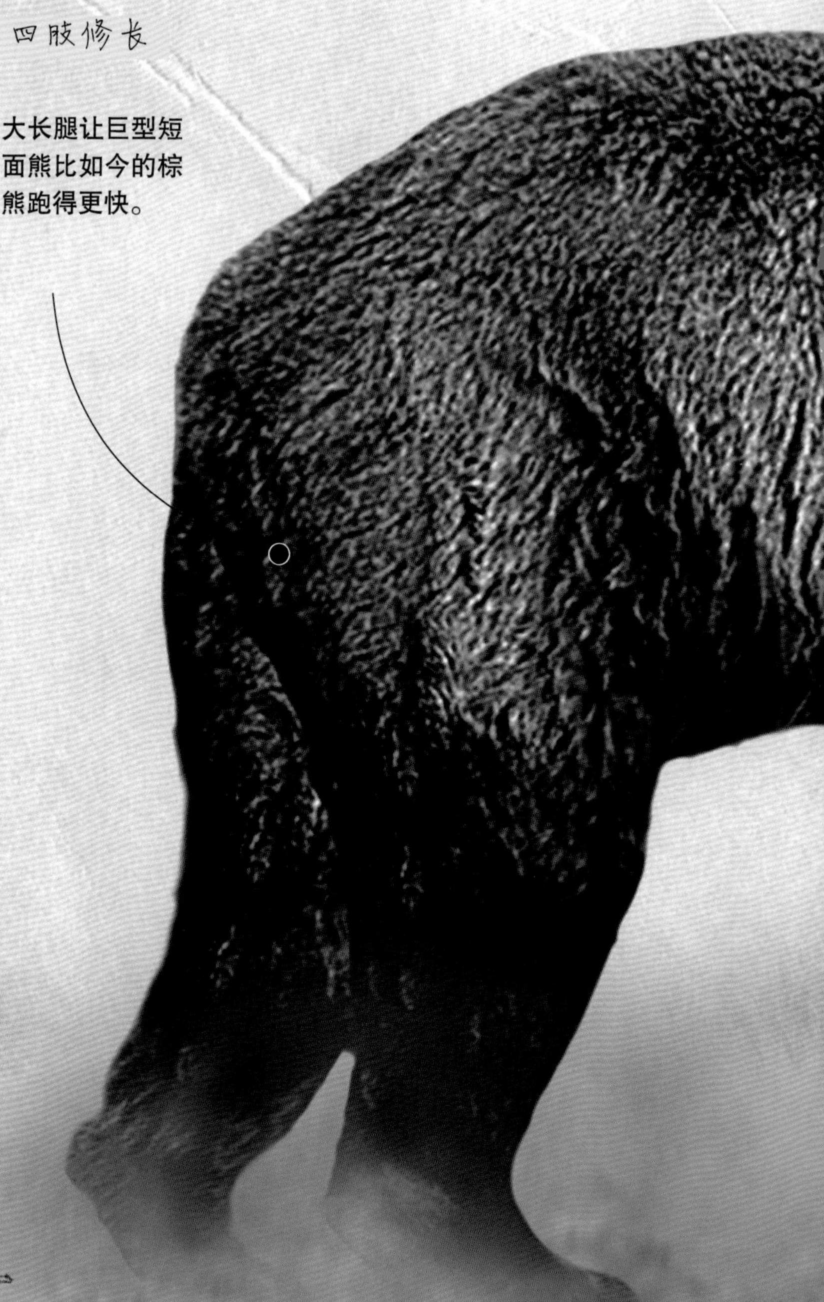

分类：

食肉目，熊科，眼镜熊类，短面熊

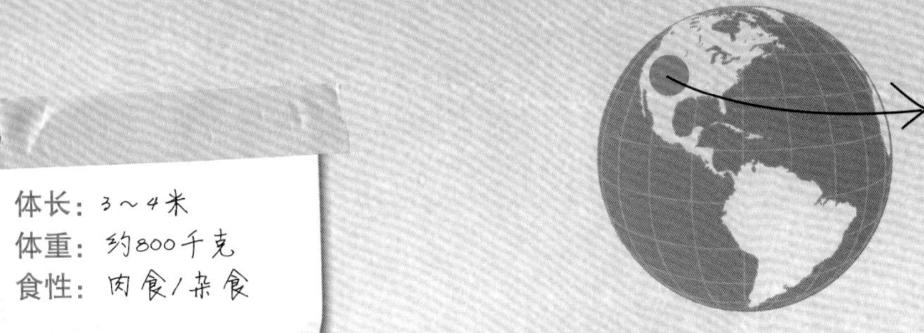

体长：3～4米
体重：约800千克
食性：肉食/杂食

视野优秀

双眼前视但是眼距较大，让其视野开阔。

食性复杂

关于巨型短面熊的食性存在着不同意见的争论。一些研究者认为，它们那长达50厘米的头骨提示，巨型短面熊应该是杂食动物——和如今的棕熊一样。另外一些人则提出了食肉动物的观点：根据它们的体形，巨型短面熊每天需要吃下16千克肉才能生存下来。

巨无霸

巨型短面熊依靠强健的四肢呈站立状时，身高可以达到4米。它的腿和脚（脚趾向外）的长相使得它在长距离移动中也能保持较快的速度。

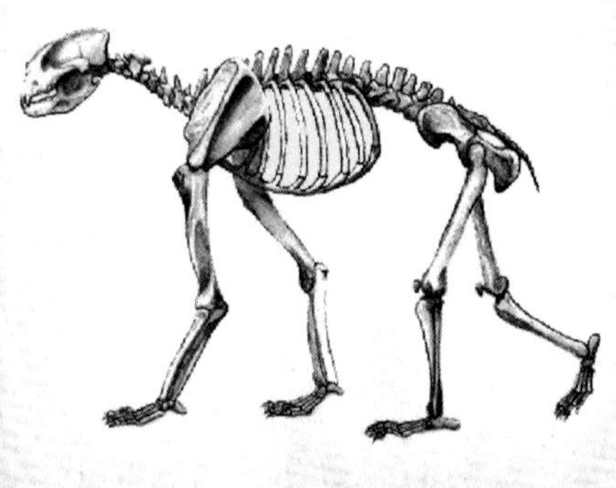

图书在版编目（CIP）数据

恐龙绝密档案 / 西班牙 Sol90 出版社编；岑旖青译
. -- 上海：少年儿童出版社，2024.7
ISBN 978-7-5589-1635-9

Ⅰ. ①恐… Ⅱ. ①西… ②岑… Ⅲ. ①恐龙—普及读物 Ⅳ. ① Q915.864-49

中国国家版本馆 CIP 数据核字（2024）第 041562 号

著作权合同登记号　图字：09-2022-0615

恐龙绝密档案

西班牙 Sol90 出版社 编
岑旖青 译
岑建强 审译
邢立达 审读
陈艳萍 装帧

责任编辑 王 慧　美术编辑 陈艳萍
责任校对 陶立新　技术编辑 谢立凡

出版发行 上海少年儿童出版社有限公司
地址 上海市闵行区号景路 159 弄 B 座 5-6 层　邮编 201101
印刷 深圳市福圣印刷有限公司
开本 889 × 1194　1/16　印张 13
2024 年 7 月第 1 版　2024 年 7 月第 1 次印刷
ISBN 978-7-5589-1635-9 / G · 3735
定价 118.00 元